KB158611

# 시베리아 횡단 열차 여행

— 발틱해에서 오호츠크해까지 11,000km —

시베리아 횡단 열차 여행

— 발틱해에서 오호츠크해까지 11,000km —


인 쇄 2020년 5월 11일
발 행 2020년 5월 15일
지은이 성기태
발행인 부성옥
발행처 도서출판 오름
등록번호 제2-1548호 (1993. 5. 11)
주 소 서울특별시 중구 퇴계로 180-8 서일빌딩 4층
전 화 (02) 585-9122, 9123 / 팩 스 (02) 584-7952
E-mail oruem9123@naver.com
ISBN 978-89-7778-512-0 03980

이 도서의 국립중앙도서관 출판예정도서목록(CIP)은 서지정보유통지원시스템 홈페이지(http://seoji.nl.go.kr)와 국가자료종합목록 구축시스템(http://kolis-net.nl.go.kr)에서 이용하실 수 있습니다. (CIP제어번호: CIP2020017107)

# 시베리아 횡단 열차 여행

— 발틱해에서 오호츠크해까지 11,000km —

성기태 지음

To my family

각자 자신의 위치에서 최선을 다한
우리 가족 모두에게 감사하며 이 책을
헌정하고자 합니다.

저녁 늦게까지 일하면서 가족을 위해
헌신했던 아내 은영, 어린 나이에 집을 떠나
머나먼 이국 땅에서 공부하느라 애쓴 딸 안나와
아들 석현 모두에게 감사하며…

Kitae

# 여행기를 쓰면서

고등학교 때 세계사 시간이 있긴 했지만 세계사가 중요한 과목도 아니었고, 당시에는 러시아나 동유럽 국가들은 갈 수 없는 나라였기 때문에 자연히 관심도 서방 국가들에게만 국한될 수밖에 없었다. 소련과 동유럽에서 공산주의가 붕괴되면서 이제 옛 공산국가였던 나라 어디든 마음대로 갈 수 있게 되었다. 이제 시베리아 횡단 열차도 마음대로 탈 수 있는 시대가 된 것이다. 광활한 시베리아를 여행하는 것이 버킷 리스트 중의 하나였고, 아기자기한 발틱해 국가들에 대한 호기심도 생겼다. 한편으로는 중앙아시아의 주인이었던 훈족과 몽골이 어떻게 러시아와 유럽에 영향을 끼쳤고 상호 작용을 하였는지를 보는 것도 흥미가 있을 것 같았다.

특히 12세기 몽골제국의 4칸국 중의 하나인 킵차크 칸국의 수도였던 카잔지역이 흥미로운 지역일 것이라고 생각했다. 우랄산맥은 우리의 언어의 그룹을 구분할 때 나오는 지역이고 몽골의 기원지라는 바이칼 호수 주변에는 생물학적으로 우리 한민족과 DNA가 아주 가깝다는 브리야트족이 공화국을 이루며 살고 있어서 우리 민족과의 연계성 및 근원도 좀 유추해 볼 수 있지 않을까 하는 호기심도 있었다. 1990년 블라디보스토크가 개방된 이후 블라디보스토크에 사업차 몇 번 간 일이 있었는데 놀랍게도 러시아는 서양보다는 동양에 가깝다는 것을 많이 느꼈다. 러시아의 주류는 슬라브족이기는 하지만 13세기부터 15세기에 걸쳐 300여 년 가까이 몽골의 지배를 받은 바 있으며, 국토의 3/4 이상이 아시아에 속해 있는 점을 생각해보면 동양적인 색채가 많은 것은 당연한 것 같다.

요즘 여름에는 시베리아 횡단 열차 여행이 인기가 많아져 블라디보스토크에서부터 여행을 시작하는 여행객이 많다. 블라디보스토크에서 여행을 시작하면 좀 복잡할 것 같아 거꾸로 상트페테르부르크에서부터 시작하기로 했다. 추가로 핀란드와 옛 소련연방 지역이었던 에스토니아, 리투아니아를 훑어본 다음 상트페테르부르크로 가서 횡단 열차를 타는 것으로 계획을 잡았다. 마침 핀란드는 백야축제 기간이어서 볼거리도 많을 것 같았다. 오랜 러시아의 정치, 경제, 역사 및 문화의 중심지였던 상트페테르부르크를 둘러본 후에 여행을 시작하는 것이 러시아에 대한 이해도를 더 높일 수 있다고 생각했다. 일반적으로 시베리아 횡단 열차 여행은 모스크바에서부터 블라디보스토크까지를 말하지만, 상트페테르부르크에서 모스크바까지 열차를 더 연장해서 타기로 했다. 시베리아 횡단 열차라 함은 통상 9,289km를 말하는데 상트페테르부르크에서 시작하면 약 10,000km가 된다. 헬싱키, 탈린, 리가를 포함하면 "발틱해에서 오호츠크해까지"의 여행이 되며 여행거리는 총 11,000km가 된다.

이 책이 발틱해 주변국들과 시베리아 횡단 철도 여행을 계획하는 자유여행객들에게 다소나마 도움이 되길 바라면서 책의 출판을 도와준 도서출판 오름의 부성옥 대표에게 감사를 전한다. 또한 짓궂은 면이 있는 나를 항상 너그럽고 간단명료하게 조언해주는 아내에게 감사하고, 이 기회를 빌어 자기 자신들의 일들을 스스로 잘 헤쳐 나가는 딸 안나와 아들 석현이에게도 고마운 마음을 전한다.

2020년 5월

성기태

# 차 례

# 1
# 핀란드 헬싱키

Rajasaari
Parque Sibeliuksen
Parque Topeliksen
Mercado Ploce
Suomen Kansallisooppera
Töölönlahti
Parque Hesperian
Parque Hakaalmen
Eläintarhanlahti
Teatro
Siltavuoren-
Salmi
Sörnäisten Satama
Pannukakun-Puistikko
Pohjoinen Hesperiankatu
Kansallismuseo
Jardín Botánico
Teatro
Museo Ruiskumestarin
Museo Maanpuolustus-korkeakoulu
Korkeasaari
Hieta-Kannas
Teatro
Iglesia
Sammon-puistikko
Cementerio Juutalaini
Teatro
Kiasma
Estación de Ferrocarril
Pohjoissatama
Linjaatoserna
Yliopisto
World Trade Center
Presidentin-linna
Catedral Uspenskin
Parque Laivasto
Parque Katajanokan
Ourit
Lapinlahti
Cementerio Hietaniemi
Hospital Lapinlahden
Hospital Marian
Lasten-lehto
Lapinlahden-puistikko
Teatro Ruotsalainen
Iglesia Vanha
Vanha kirkopuisto
Kanava-terminaali
Eteläsatama
Länsiväylä
Cementerio Ortodoksini
Työmiehen-puistikko
Makasini-terminaali
Museo Valokuvotoiteen Suomen
Teatterinuseo
Parque Kellosaaren
Teknillinen oppilaitos
Sinebrychoffin taidemuseo
Parque Sinebrychoffin
Parque Johanneksen
Iglesia Johanneksen
Tähtitorni
Valkosaari
Olympia-terminaali
Kruunuvuori
Parque Jaalarannan
Parque Selkämeren
Hietalahti
Telakan puistikko
Iglesia Mikael Agricolan
Parque Tehtaan
Vuorimiehen-puistikko
Parque Neitsyt
Ullan-puistikko
Luoto
Ryssänsaari
Rouhalahti
Parque Eiran
Kapteenin-puistikko
Parque Kaivo
Ursa tähtitorni
Parque Helsingin-niemen
Meripuisto
Länsi-terminaali
Ursini kallio
Parque Frederik Stjernvallin
Merisatama
Mechelininkatu
Arkadien-katu
Kaivo-katu
Aleksanterin-katu
Pohjois-esplanadi

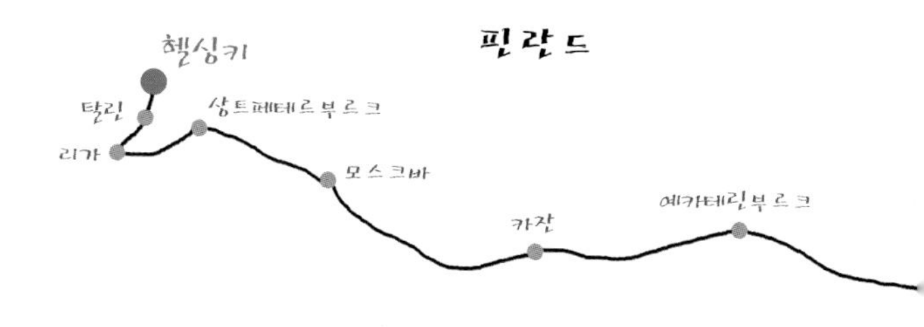


언뜻 평면 지도에서만 본다면 핀란드의 수도 헬싱키는 지구의 북서쪽 끝에 있는 먼 나라의 도시로 보인다. 로마, 이스탄불이나 모스크바보다도 멀어 보이기 때문이다. 그러나 둥근 지구본을 놓고 항공기가 북극 항로를 택하여 유럽에 갈 때를 생각해 보면 헬싱키는 모스크바와 거리가 엇비슷하고, 유럽 도시들 중의 어느 도시보다도 우리나라로부터 가까우며, 유럽에 들어가는 관문 도시라는 것을 알 수 있다.

도쿄를 경유하는 편도 항공으로 비교적 저렴하게 공항에 도착하였다. 헬싱키 공항에 내렸을 때 유럽으로 가는 수많은 환승 승객들이 공항 청사를 꽉 메우고 있었는데, 비로소 헬싱키 공항이 아시아와 유럽을 오가는 항공기들의 주요 환승 공항 역할을 하고 있다는 것을 알았다. 유럽을 가기 위해 또는 유럽에서 극동 쪽으로 올 때 헬싱키에서 One Stop을 하면 보다 빠르고 저렴한 항공 요금으로 여행을 할 수 있다. 앞으로 유럽 여행을 갈 때는 헬싱키를 경유하는 항공권을 구입하여, 여행경비도 절약하고 헬싱키 관광도 해보는 것이 좋을

인천-도쿄-헬싱키(항공)-탈린-리가-상트페테르부르크-모스크바-카잔-
예카테린부르크-이르쿠츠크-하바롭스크-블라디보스토크

것 같다는 생각을 해본다.

## 헬싱키의 매력

핀란드는 지리적으로 스칸디나비아 반도에 있는 세 나라 중의 하나로 노르웨이나 스웨덴하고 비슷하지 않을까 생각해 왔는데 막상 현지에 가보니 바이킹의 나라 스웨덴, 노르웨이와는 전혀 달랐다. 민족과 역사, 언어와 문화 등 여러 차이가 있다는 데에 놀랐다. 막연히 우랄 알타이 어족에 속하고 동양계 민족이라 배웠고, 지금은 그 존재가 없어진 휴대폰 노키아의 나라, 교육제도가 훌륭하고 근면한 나라, 동화에 나오는 산타클로스의 나라라고 알고 있는 것이 전부였다.

핀란드는 오랜 기간 동안 스웨덴의 지배를 받았고, 구소련과 독일 강대국들 틈에서 우리 한반도처럼 어렵게 독립을 유지하며 살아왔다. 언어 구조와 인종도 주변국과는 다른 독특함을 가지고 있다. 언어적인 면에서는 스웨덴이나 노르웨이 등은 게르만 계통의 언어를 가지고 있는 반면에, 핀란드는 우랄 알타이 계통의 언어로 핀란드를 감싸고 있는 주변의 게르만어와 슬라브언어 계통과는 전혀 다르다. 인종도 중앙아시아의 볼가강 쪽에서 북쪽으로 이주해 정착한 민족으로 본인들 자신도 언어와 민족이 동양에 뿌리를 두고 있다고 생각하며, 헝가리인과 유사하다고 믿는 사람들도 있다는 점이다.

그래서 그런지 사람들도 게르만족들처럼 체격이 크고 우람한 것이 아니고 동양 사람들 정도 체격에 얼굴도 자세히 보면 동양적인 흔적을 가지고 있다. 앵글로색슨이나 게르만들 보다는 훨씬 사람들이 귀엽고 오밀조밀하고 동양인들에 대해서 훨씬 우호적이라는 생각이 든다. 또 사람들과 도시가 깨끗하고 식당이나 항구의 노점상에서 일하는 젊은이들이 거의 하나 같이 영어를 잘한다.

헬싱키 항구 전경

## ▌헬싱키에서의 숙박

헬싱키의 물가는 국민소득이 높아서인지 물가가 살인적으로 비싸다. 헬싱키 역과 광장이 시내의 중심인데 이 부근에 4성 호텔만 해도 1박에 180에서 200유로이다. 그래서 Airbnb에 방을 알아보았다. 여자 4명이 사는 아파트라는데 남자는 한 사람 밖에 받지 않는다고 한다. 나중에 알고 보니 학생들이 하숙하는 집으로 학생들이 쓰지 않을 때 Airbnb에 올려놓고 임대해서 생활에 보태 쓴다는 것이다.

헬싱키 공항에 내려서 시내로 들어가는 버스를 타고 헬싱키 중앙역 광장에 내렸다. 5분 정도 걸어서 쉽게 숙소를 찾았다. 아파트는 낡고 오래되어 한

헬싱키 중앙역

150년은 되어 보였다. 도착하자마자 반갑게 맞아 주기보다는 주의사항부터 하달하는 주인한테 실망했다. 원래 조용한 사람한테 숨도 쉬지 말라는 것인지 화장실은 몸 하나 제대로 움직이기도 쉽지 않았다. 호텔은 그냥 방에 들어가면 끝인데 이것은 같이 사는 사람의 눈치도 봐야지 시설도 허술하고 비좁고 이내 호텔을 얻을 것을 후회하고 말았다. 3일 동안 살 생각을 하니 좀 걱정되었다. 국민소득이 높은 나라이긴 하지만 결국 물가가 비싸서 실질 구매력은 우리나라나 매 한가지인 것 같다.

## ▌백야의 에스프라나디 공원과 남항의 노천 마켓 광장

도착시간이 오후 4시였는데도 백야라서 그런지 아직 한낮이었다. 짐을 풀고 샤워를 마친 다음 편안한 복장으로 갈아입은 후 일단 중앙역 광장으로 가서 전체 분위기를 살펴보았다. 중앙역에서는 지방으로 연결되는 기차노선들이 있었다. 광장 앞 환승 주차장에서는 헬싱키 시내의 모든 시내버스 노선들이 기차역과 연결되고 있어 대중교통이 편리하게 되어 있었다. 날씨가 좋아 많은 사람들이 활발하게 움직였다. 역 내부에는 음식점, 편의점, 커피숍들이 빼곡히 들어서 있었다. 중앙역은 역 자체가 유적인 건물로 관광코스에 들어 있기도 하다.

에스프라나디 공원에서 하지 햇볕을 즐기는 사람들

에스프라나디 공원 쪽으로 나가니 많은 사람들이 나와 공원 벤치에 앉아

저마다 하지의 따사로운 햇볕을 즐기고 있었다. 헬싱키의 햇볕은 7월부터는 수그러들기 시작하기 때문에 모두가 햇볕 쪼일 시간이 아까운 듯 삼삼오오 공원에 모여 담소에 열심이다. 공원을 따라 동쪽으로 쭉 걸어가면 남항 카나바 항구와 마켓 광장이 나온다. 카나바 항구에서는 옛 요새였던 수오멘리나 섬을 비롯하여 헬싱키 앞 바다의 여러 섬에 가는 자그마한 여객선부터 발틱해를 거쳐서 탈린, 스톡홀름, 덴마크, 독일 등으로 가는 대형 크루즈 배들도 출항을 한다.

헬싱키 남항과 노점상들

남항에서 갓 잡은 생선과 신선한 채소를 사는 사람들

핀란드 사우나할 때
몸을 두드리는 데 쓰는
자작나무 다발과
나무 다발을 파는 할머니

당근과 신선한 채소를
옆에서 같이 팔고 있는 할아버지

항구 노천시장에는 가까운 섬에서 농사 지은 농산물들을 가져와서 선창에다 배를 정박시켜 놓고 파는 사람들, 벼룩시장 물건들을 파는 사람들, 신선한 연어를 판매하는 사람들, 집에서 소금 간을 해서 만든 말린 생선을 파는 가족들과 핀란드 사우나 할 때 몸을 때려가면서 마사지하는 자작나무 묶음을 파는 할머니 등 다양하다. 자작나무 묶음을 파는 노부부는 남편이 미워서 때려주고 싶을 때 합법적으로 때릴 수 있는 것이 바로 이것이라며, 같이 장사하는 남편을 때리는 시늉을 하면서 농담을 아주 재미있게 한다.

신선한 연어를 즉석에서 해체하여 파는 상인

남항의 포장마차에서 먹는 연어와 포도주

노점상에는 막 잡아온 연어를 그 자리에서 해체해서 근수별로 파는 장사도 있었다. 방금 잡아온 연어를 보니 도저히 참을 수가 없어서 연어 400g을 샀다. 인근 식당에 가서 감자 요리를 주문해 올드마켓에서 사온 백포도주를 곁들여 먹었다. 이것이 여행의 즐거움이 아닌가, 연어 맛이 환상이다. 카우파할리 전통시장은 볼 것도 많고 먹을거리도 많아서 수오멘리나 섬을 다녀오면서 다시 들르기로 했다.

## ▌수오멘리나 섬 요새

다음 날은 수오멘리나 섬 요새를 가보기로 했다. 남항 선착장에서 20분 남짓하면 도달하는 아주 작고 귀여운 섬이다. 아침 10시에 선착장에 나갔다. 선착장에는 헬싱키 전통 복장을 한 남녀들이 그룹으로 모여 있었다. 수오멘리나 섬으로

여름축제를 위해 섬으로 들어가고 있는 헬싱키 전통 복장을 한 그룹

수오멘리나 섬으로 들어가는 선상에서

요새화된 수오멘리나 섬의 전경

들어가서 전통 축제를 하는 사람들이었다. 핀란드 사람들이 좋아하는 청색과 흰색의 복장이 눈에 띄었다. 티켓팅을 자판기로 해야 하는데 핀란드어로 되어 있어 빨리 인식을 할 수가 없었다. 그사이 배는 막 떠나려고 했다. 티켓팅에 헤매고 있으니 직원이 달려왔다. 직원은 떠나려는 배를 손짓하여 붙들어 놓고 내 티켓팅을 도와준 후에 내가 배를 탄 후에야 출발시켰다. 매너가 좋다. 이 배를 못 타면 다시 1시간 정도 기다려야 되는데 다행이다. 선원들의 친절과 미소에 아침부터 기분이 좋다.

선착장에 내리자 섬의 아기자기한 풍경이 이내 눈에 들어왔다. 몇 개의 섬이 다리로 연결된 이 요새화된 섬들은 헬싱키 항구를 지키는 견고한 군사기지로서 18세기 스웨덴 왕국이 핀란드를 통치할 때 건설된 것으로서 핀란드 독립 후에는 발틱해에서 러시아와 프러시아로부터 헬싱키를 지키는 역할을 하였다. 스웨덴 왕국이 쇠퇴한 후에는 러시아가 100여 년 정도 핀란드를 지배하였으며, 핀란드가 독립한 후 이 요새는 유네스코 유산으로 지정되었다. 많은 국내외 관광객들이 하이킹 코스로 즐겨 찾고 있다. 관측 시야를 용이하게 하고 방어 면적을

1차 대전 때부터 쓰던 섬 요새 내의 대포들

구스타프 3세 국왕의 기념비

넓게 하기 위한 별 모양의 성벽 요새와 거대한 대포가 특징이다. 스웨덴에 13세기부터 18세기까지 600여 년 동안 지배를 받았고, 19세기에는 러시아의 지배하에서 가진 시달림을 받으면서 살아왔으나 이에 굴하지 않고 견뎌낸 핀란드 민족에 대한 경외감이 든다. 적은 인구와 열악한 추운 기후에도 불구하고 굳세게 은근과 끈기로 살아남은 민족이다. 주변 열강으로부터 시달려 온 우리 대한민국과 비슷한 처지였던 것 같은 생각이 들었다.

## ▌카우파할리 전통시장

선착장 옆에는 아주 오래된 바나 카우파할리 Old Market이 있는데 외관은 오래된 부두의 창고 같지만 시장 안은 현대식으로 깔끔하게 인테리어를 해서 각종 해산물 등 지역 생산품부터 커피와 포도주까지 관광객을 위해서 다양하게 팔고 있었다. 시장 밖에서는 자원봉사 할머니가 아코디언을 멋들어지게 연주하면서 관광객의 시선을 끌고 있었다. 시장 안으로 들어가니 각종 농산물, 수산물과 빵, 포도주 등이 먹음직스러웠고, 관광객들로 가득 차 있다. 생선과 젓갈을 파는 가게가 있었는데 특히 생굴이 신선해 보여 먹고 싶어서 생굴집에 자리를 잡았다. 생굴 한 접시와 화이트와인 한 잔을 주문했는데 금발의 앳된 십대 직원이 직접 까서 가져다 주었다. 와인 한

카우파할리 전통시장 입구에서
아코디언으로 관광객들의 주목을 끄는 할머니

헬싱키 남항의 올드 마켓

올드 마켓을 현대화한 내부 전경

잔으로는 부족해서 한 잔 더 주문했다. 싱싱한 생굴과 산뜻한 화이트 와인은 그 맛이 정말 일품이었다. 헬싱키의 독특한 것은 가게에서 일하는 사람들이 젊다는 것이다. 선진국에서는 젊은 애들은 궂은 일을 싫어하기 때문에 노장년층들이 시장에서 일하고 젊은

즉석에서 먹는 신선한 굴과 와인

사람들은 보기 드문데 헬싱키 올드 마켓에서는 오히려 노인들을 보기가 힘들었다. 날씨가 좋아서인지 시장 안과 밖 모두가 활기가 넘쳤다.

## ▍노점상이 된 그리스 예술가 부부

전통시장에서 생굴과 포도주를 마시고 기분 좋게 나왔다. 다시 노점상 중 덜 본 부분을 둘러보려고 부둣가로 갔다. 이리저리 둘러보다가 액세서리와 기념품 수준이 예사롭지 않은 집을 발견했다. 단순한 액세서리가 아니고 수준 높은 예술품으로 보였다. 제품들이 수준이 높고 예쁘다고 말하니 주인 부부는 부부가 직접 만든다고 했다. 한쪽에서는 부인이 탁자를 놓고 직접 만들고 있었다. 차분하게 일을 하는 부부는 단순 장사는 아닌 듯 하고, 얼굴도 좀 검은 편이라 현지인이 아닌 것 같았다. 물건 구경하다 결국 이런 이야기 저런 이야기를 하게 되었다. 부부는 그리스에서 왔다고 했다. 부부는 그리스에서 예술가로

헬싱키에 와서 노점상을 하는 그리스의 인텔리 예술가 부부

교수로 중산층 이상의 생활을 해왔는데 그리스의 국가 부도로 모든 것을 잃었다고 했다. 경제는 살아날 가망이 없고 얼마 안 되는 연금은 40%까지로 줄었고 그리스에서는 더 이상 할 것이 없어 국제적으로 떠돌아다니며 노점상을 하다가 마침내 헬싱키까지 오게 되었다는 것이다. 초췌한 부부는 어두운 표정으로 눈물을 글썽거렸다.

그리스가 부도가 난 이유는 1999년부터 유로존에 가입하고자 했는데 재정이 불안하다는 이유로 유로존 가입이 거절되다가 드디어 2001년 유로존에 가입하게 되고 이와 함께 금융시장도 개방이 되자 유럽의 싼 돈들이 몰려들기 시작한 것이다. 전에는 10~18%나 줘야 빌리던 돈을 2~3%의 이자만 내면 빌릴 수 있게 되자 사람들은 과도한 돈을 빌리기 시작하게 된 것이다. 제조업 기반이 약한 그리스는 돈 갚을 능력이 취약해서 유로존 가입과 금융시장 개방에 신중했어야 함에도 불구하고 국가의 지도자들이 너무 성급했던 것이다. 밀려드는 자금과 빌린 돈들로 유동성이 풍부해지자 사람들은 싼 맛에 돈을 빌려댔고 정부는 공무원들의 월급을 2배 이상이나 올리며 2009년까지 5만 명의 공무원을 추가로 뽑는 등 재정을 심하게 낭비하며 흥청망청 쓰다가 글로벌 금융위기가 찾아오고, 세계의 경기침체로 그리스에 관광 오는 사람들마저 줄어들자 개인들의 빚 상환능력과 재정이 악화되기 시작한 것이다. 문재인 정부 들어와 대책 없이 공무원을 증원하고 최저 임금제와 고용 창출 한다고 천문학적인 국가예산을 써 대고, 북한까지 지원해야 된다고 기를 쓰고 덤벼드는 마당에 그리스 국가부도 사태는 남의 일 같지가 않다.

몇 년 전 아테네에 갔을 때 아테네 파르테논 신전을 보러 아침 일찍 신전 정문 앞에 갔었는데 유럽에서 온 많은 관광객이 기다리고 있었다. 그런데 뜻밖에도 공무원들이 파업을 해서 신전 문을 닫은 것이다. 공무원이 제시간에 출근

그리스 노점상 부부에게 구입한 가족 선물

하면 보너스를 주는 나라가 그리스였다. 그리스 사람들의 평균 연금이 유럽에서 가장 잘사는 독일보다도 높았었다는 데 놀랐다. 오랜 기간 그리스를 지배해왔던 나쁜 과도한 복지정책과 사회주의 정치 탓이었다. 목걸이, 귀걸이 몇 가지 기념이 될 만한 물건을 샀다. 여행이 시작되자마자 물건을 사면 짐이 되겠지만 그래도 몇 가지 가벼운 선물을 샀다. 잘못된 정치로 국민들이 국제 난민이 되는 일이 결코 어려운 일도 남의 일도 아니겠다는 생각이 들었다.

## ▌헬싱키 유명 교회들

• 헬싱키 대성당

헬싱키 성당은 헬싱키에 있는 성당 중 가장 큰 성당으로 개신교 루터파의 총 본산인 교회이다. 그냥 관광객들 사이에서는 대성당으로 불리고 있는데 개신교회이다. 남항구가 시원하게 바라다 보이는 언덕에 있다. 백색에 초록지붕으로 거대한 건물과 넓은 계단이 한눈에 띈다. 주변에 건물들이 없고 탁트인 광장과 주차장을 가지고 있어서 여름철에는 많은 관광객들이 헬싱키 관광 도중에 앉아서 쉬는 장소이다. 남항과 여러 섬들이 시원하게 내려다보이는 것이 일품이다.

원래 자그마한 교회가 있었던 자리에 1800년대 중반에 러시아 황제 니콜라이

남항이 내려다 보이는 헬싱키 대성당

1세에 의해 건립되어 성 니콜라스 교회로 불리다가 후에 상트페테르부르크의 이삭 성당과 카잔 성당을 본떠서 개축되었고 1917년 핀란드가 러시아로부터 독립하면서 헬싱키 대성당으로 이름이 바뀌어 오늘날 헬싱키의 명소 중의 하나가 된 것이다. 매년 35만 명 이상의 관광객이 방문하고 정규적으로 예배를 보는 신자들이 있으며, 헬싱키 사람들에게 인기 있는 결혼식 장소로 이용되고 있다.

• 우스펜스키 성당

우스펜스키 성당은 헬싱키 항구의 바이킹 라인 전용부두가 언덕에 자리 잡고 있는 러시아 정교성당으로 내부의 아름다운 돔의 벽화가 금박과 어울려 환상적인 모습을 보여준다. 외부 돔은 처음은 황금 돔이 아니었으나 1960년대에 많은 사람들의 헌금으로 24k 금 도금으로 입혀져 있다. 헬싱키 사람들도 교회를 황금으로 입히는 것을 좋아한 것을 보면 마치 태국의 치앙마이에 있는 황금

우스펜스키 성당

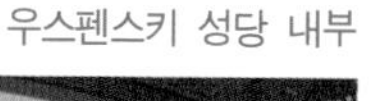

우스펜스키 성당 내부

불교 사원의 황금 탑이 수많은 사람들의 시주로 이루어진 황금 치장과 다를 바 없는 것 같다. 인간들의 염원은 동서양이나 어느 종교냐를 막론하고 일맥상통하는 것이 아닌가 생각했다.

• 템펠리아우키오 교회

템펠리아우키오는 1969년에 지어진 현대적인 루터파 개신교회이다. 이 교회가 유명한 것은 역사적인 것 때문이 아니고 바위로 된 산을 이용하여 자연친화적으로 건축되었다는 점이다. 세계의 건축사들 사이에서 아주 독창적으로 설계되고

돌 산을 이용 건축한 템펠리아우키오 교회

교회의
천장 모습

깎아진 돌을 그냥
교회의 벽으로 사용

건축된 건축물로 잘 알려져 있다. 천장 이외에는 거의 모두 바위를 있는 그대로 이용하여 지은 것이다. 교회 천장의 일부를 유리 재료로 투명하게 빛이 들어올 수 있도록 한 것이 환상적이었고 자연 그대로의 바위벽을 건축물 안에서 볼 수 있다는 점이 특이했다. 돌로 된 벽의 느낌은 원시적으로 투박한 느낌을 주기도 하지만 한편으론 안정감을 주기도 하였다. 시내의 주거 중심부에 위치하고 있어 각종 합창단 모임과 예배와 결혼식 등 사회활동이 활발하게 일어나고 있는 곳이기도 하다.

마침 방문했을 때는 교회 안에서 합창단 연습이 한창이었다. 피아노 소리와 합창단의 경건한 화음들이 바위벽에 울려 들리는 소리는 가히 천상의 소리처럼 아름다웠다. 돌 벽에 별 치장 없이 설치한 파이프 오르간과 수많은 기원을 위해 켜 놓은 촛불들이 교회 안을 더욱 성스럽게 해주고 있다.

교회 내부의 무대와 거대한 파이프 오르간

## ❙ 헬싱키 컬투리 대중 사우나

핀란드는 사우나의 나라이다. 겨울이 길고 춥다 보니 사우나를 하는 것이 일상화되어 있다. 핀란드 사우나를 꼭 해보고 싶어서 사람들이 많이 애용하는 대중 사우나를 찾아갔다. 이 컬투리 사우나는 1인당 15유로로 바다를 낀 주거지에 위치하여 있는데 특이한 것은 사우나를 한 다음에 몸이 더워지면 바로 바다로 뛰어들어 몸을 식힐 수 있다는 점이다. 사우나는 전기로 달군 돌무더기로 열을 발생시키고 그 옆에는 찬물이 놓여 있어서 사우나가 너무 더우면 찬물을 돌무더기에 끼얹어서 온도를 조절해가며, 자작나무 잎 묶음으로 서로 몸을 때려주면서 마사지를 해주기도 한다. 나도 사우나를 한 다음 바다로 뛰어 들어가 100여 미터씩 헤엄쳐서 돌아왔는데 물에서 나와서는 커피들을 마시며 사우나 하는

핀란드 해안가의 대중 사우나

사람들과 대화도 하고 사람들끼리 교류한다는 것이다. 사람들은 내가 어디서 왔는지 관심이 많았고 자기가 의사라고 말한 한 사람은 한국에 대해서 해박한 지식을 가지고 있는 것에 놀랐다. 이 사우나를 접하고 있는 항구는 바다지만 바닷물이 그리 짜지가 않다. 왜냐하면 여름에는 눈이 녹은 물이 강을 통해 많이 유입되어 염분이 아주 낮아지기 때문이다.

몸을 덥히고 바로 바다에 뛰어들 수 있는 사우나

남녀 구별 없이 친구들끼리 와서 휴식하는 대중 사우나

## ▌헬싱키 세우라사리 민속촌

헬싱키역 앞 광장에서 버스를 타고 세우라사리 민속촌으로 향했다. 시외각에 위치하고 있어 40분 정도 걸려서 도착했다. 세우라사리 민속촌은 세우라사리라는 작은 섬에 조성되어 있다. 버스 정류장에서 내려서 도보로 나무로 된 긴 다리를 건너서 민속촌 안으로 들어갔다. 헬싱키 북서쪽 외곽의 세우라사리 섬(Seurasaari Island)에 전통문화를 보존하기 위한 목적으로 조성된 것이다. 민속촌을 둘러보면 날씨가 추운 가혹한 상황에서 살아남기 위한 핀란드인들의 지혜를 잘 보여준다. 이 민속촌에다 핀란드의 각 지방에 흩어져 있던 18~20세기 건축물과 민속자료를 수집해 모아 놓았다. 가장 오래된 건물인 1686년에 지어진 카루나 교회(Karuna church)를 비롯하여 귀족의 저택과 농장, 소작농의 주택 등 87개의 목조 건축물이 있다. 섬에는 숲길을 따라 산책로가 조성되어 있고, 조류와 다람쥐 등 야생동물을 쉽게 만날 수 있다.

세우라사리 민속촌 서민 통나무집

지배층 주택의 다용도실

지배층 가옥의 페치카 형태의 부엌

지배층 주택의 고급 침대

핀란드인들이 살았던 오두막집과 그 내부에 있는 부엌도구, 난로, 방직기계, 아기요람 등 갖가지 삶의 지혜가 담긴 비품들을 보면서 사람이 살아가는 방법은 동서양을 막론하고 인류의 보편적인 것이 아닐까 하는 생각이 들었다. 이 오두막집은 평민층의 집이었다. 이 작은 집에 여러 식구가 옹기종기 모여 살던 집인 것이다.

지배층 귀족의 집은 좀 더 크고 방이 기능별로 많이 있었다. 살림을 위한 여러 기구들과 문명적인 시설이 있었다. 실을 짜내는 문래와 천을 짜는 방직 기계도

귀족 계급 주택의 거실

있고 침대와 난방과 취사를 겸할 수 있는 페치카식 부엌시설도 세련된 모습이었다. 귀족집의 거실에는 고급 가구와 그림 등도 보였다.

침대는 요즈음 것보다는 작아서 아마도 옛날 핀란드 사람들의 신장이 지금보다는 작았으리라 생각된다. 탁자와 소파 등은 오늘 날의 것들과 다름없이 세련되고 멋이 있었다.

야외에 있는 음식 저장고

새집 같아 보이는 이 기둥 위에 있는 작은 형태의 집은 헬싱키 사람들이 생선이나 고기를 겨우내 보관하는 야외창고이다. 추운 지방이므로 고기를 상하지 않도록 야외에 보관할 수 있었고 기둥으로 지상에서 띄워 놓아 짐승들이 먹거나 훼손할 수 없도록 해 놓은 것이다. 재미있고 삶의 지혜가 엿보이는 방법이다.

이제 내일은 에스토니아의 탈린으로 출발하는 날이다. 헬싱키에서 탈린으로 가는 배는 두 개의 선박회사에서 운영하고 있는데 숙소에서 가기 편리한 VIKING LINE을 이용하기로 하였다. 항구에 있는 VIKING LINE 사무실에 가서 아침 10시 30분에 출발하는 표를 미리 끊어 놓았다. 가격은 시간대나 요일별로 다른데 이 시간 대 것은 35유로이다. 탈린에 예약해 놓은 아파트 주인에게도 전화해서 내일 오후에 도착한다고 한 번 더 확인을 했다.

이제 내일 출발하기만 하면 된다.

# 2

# 에스토니아 탈린

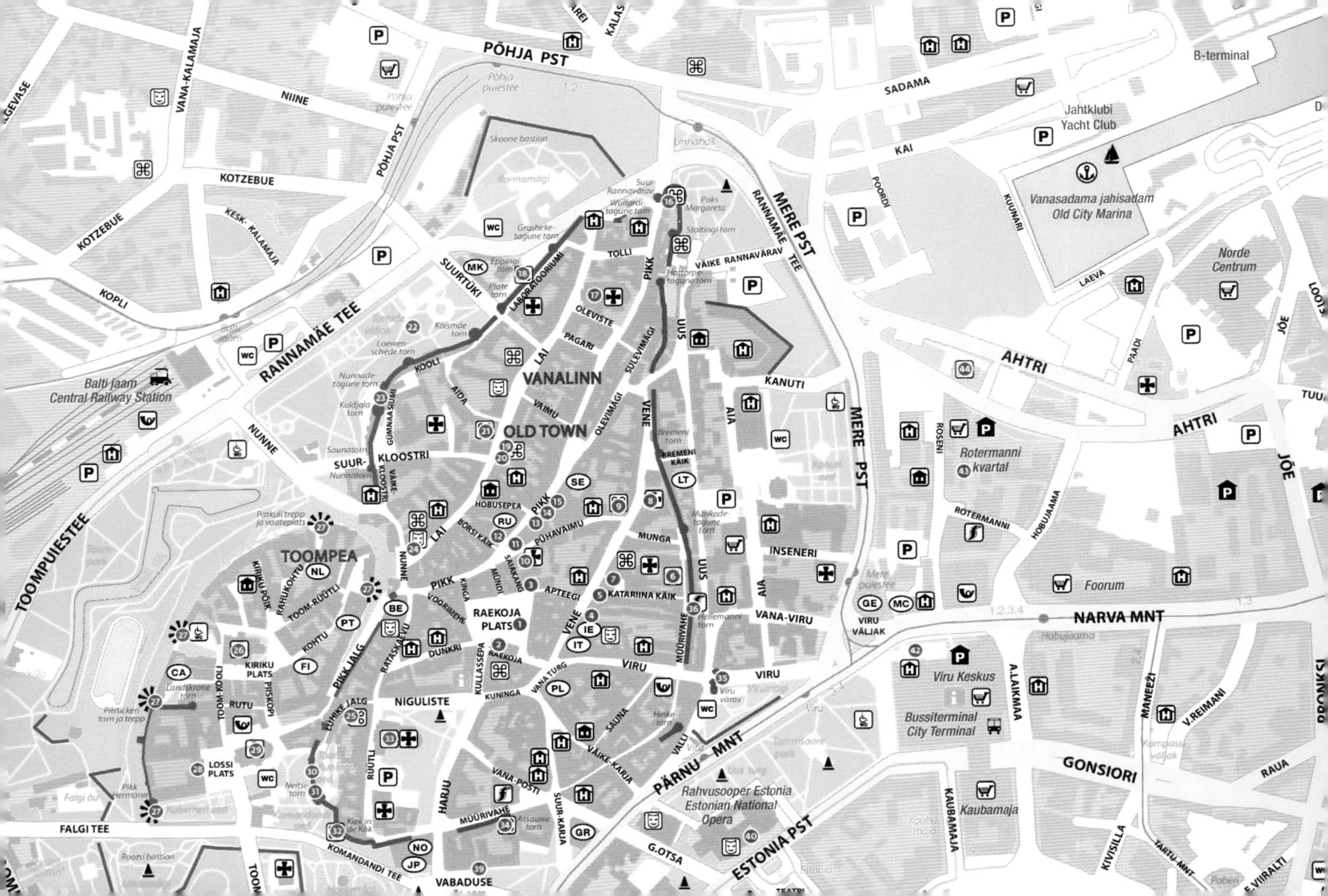

VANALINN
OLD TOWN
TOOMPEA
PÕHJA PST
MERE PST
NARVA MNT
GONSIORI
PÄRNU MNT
ESTONIA PST
RANNAMÄE TEE
TOOMPUIESTEE
AHTRI
JÕE
A.LAIKMAA
KAUBAMAJA
HOBUJAAMA
ROTERMANNI
ROSENI
KUUNARI
SADAMA
KAI
POORDI
LAEVA
PAADI
V.REIMANI
MANEEŽI
TARTU MNT
KIVISILLA
RAUA
KANUTI
INSENERI
VANA-VIRU
VIRU
AIA
UUS
VENE
MÜÜRIVAHE
BREMENI KÄIK
MUNGA
KATARIINA KÄIK
PIKK
SULEVIMÄGI
OLEVIMÄGI
TOLLI
OLEVISTE
PAGARI
LAI
VAIMU
LABORATOORIUMI
SUURTÜKI
AIDA
KOOLI
GÜMNAASIUMI
KLOOSTRI
VÄIKE-KLOOSTRI
SUUR-KLOOSTRI
HOBUSEPEA
BÖRSI KÄIK
PÜHAVAIMU
SAIAKANG
APTEEGI
RAEKOJA PLATS
RAEKOJA
MÜNDI
KINGA
VOORIMEHE
DUNKRI
KULLASSEPA
KUNINGA
VANA TURG
NIGULISTE
RATASKAEVU
RÜÜTLI
PIKK JALG
LÜHIKE JALG
HARJU
VANA-POSTI
SUUR-KARJA
VÄIKE-KARJA
SAUNA
VALLI
G.OTSA
VABADUSE
KOMANDANDI TEE
FALGI TEE
NUNNE
KOHTU
TOOM-RÜÜTLI
RAHUKOHTU
KIRIKU PÕIK
KIRIKU PLATS
PIISKOPI
RUTU
TOOM-KOOLI
LOSSI PLATS
KOTZEBUE
KESK-KALAMAJA
VANA-KALAMAJA
NIINE
KOPLI
VÄIKE RANNAVÄRAV
VIRU VÄLJAK
B-terminal
Jahtklubi
Yacht Club
Vanasadama jahisadam
Old City Marina
Norde Centrum
Foorum
Rotermanni kvartal
Viru Keskus
Bussiterminal
City Terminal
Kaubamaja
Rahvusooper Estonia
Estonian National Opera
Balti jaam
Central Railway Station
Skoone bastion
Rannamägi
Põhja puiestee
Linnahall
Suur Rannavärav
Paks Margareeta
Stoltingi torn
Wulfardi-tagune torn
Hattorpe-tagune torn
Viru värav
Hellemanni torn
Munkade-tagune torn
Bremeni torn
Hinke torn
Assauwe torn
Eppingi torn
Grusbeke-tagune torn
Plate torn
Köismäe torn
Loewen-schede torn
Nunnade-tagune torn
Kuldjala torn
Saunatorn
Nunnatorn
Patkuli trepp ja vaateplats
Landskrone torn
Pilsticker torn ja trepp
Pikk Hermann
Kiek in de Kök
Neitsitorn
Kuberneri aed
Falgi õu
Rootsi bastion

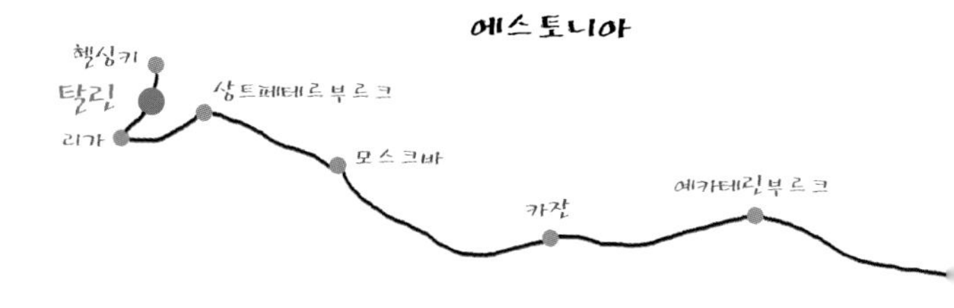


## ▍에스토니아의 탈린으로

헬싱키에서의 3일 밤을 뒤로 하고 헬싱키 남항에서 탈린으로 가는 정기 여객선을 탔다. 요금은 35유로로 헬싱키에서 탈린까지는 2시간 40분이 걸렸다. 2만 5천 톤급이 넘는 배로 배 안에는 각종 면세점, 식당, 커피숍들이 있었다. 배가 커서 안정감이 들었다. 배가 마치 거대한 호텔처럼 느껴졌다.

탈린 항구에서 숙소까지는 약 15분 정도 걸렸는데 택시비가 30유로나 나왔다. 시간에 비해 너무 많이 나왔다고 생각했는데 주고 나서 생각해보니 바가지를 쓴 것이었다. 생각해보니 주인이 10유로 정도면 된다고 전화로 얘기했는데 그냥 흘려들은 것이 문제였다. 타기 전에 택시비를 물어보았어야 했는데 갑자기 비가 내리는 바람에 그냥 택시에 먼저 올라타느라 요금 협의를 할 겨를이 없었다. 너무 성급하게 서둘러 신중하지 못했던 것이다.

헬싱키와 탈린을 연결하는 VIKING LINE 선박

VIKING LINE호 선상 라운지

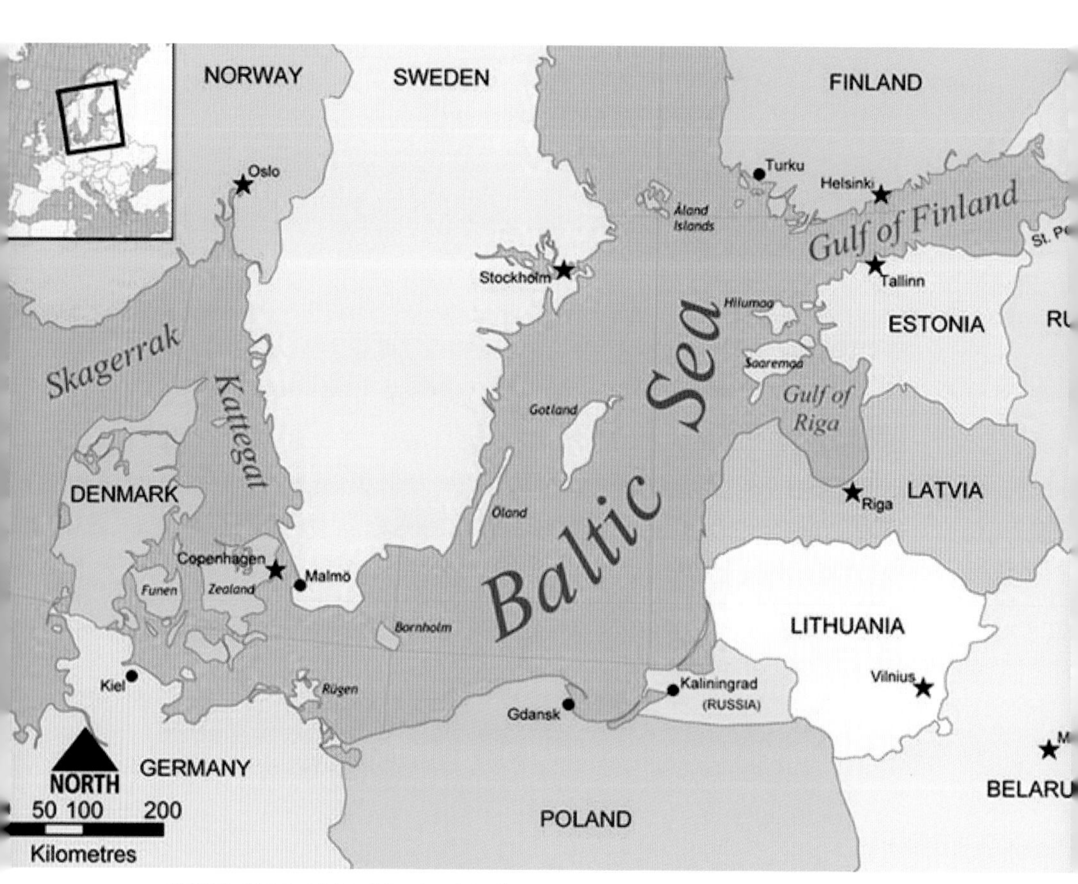


발틱해와 핀란드, 에스토니아, 라트비아 지도

에스토니아는 발틱 3국 중의 하나로 소련이 해체될 때 독립한 나라다. 인구가 130만에 불과하고 국토의 크기는 우리 대한민국 남한의 1/2이 채 안 되는 나라이다. 탈린은 15세기에 프러시아를 중심으로 한 한자동맹 중의 한 도시국가였었다. 한자동맹이란 프러시아(지금의 독일이 된 모체)가 중심이 되어 유럽 북부의 도시 국가들끼리 동맹을 맺어서 정치적인 유대관계를 유지하면서 상업을 발달시킨 동맹이었다. 탈린은 그 도시국가 중의 하나로 발틱해에서 번창했던 중심도시였다.

덴마크 왕국에 의해서 건립된 이 도시는 스웨덴 왕국, 제정 러시아와 2차 대전 때는 독일에 의해 점령당하면서 주인이 바뀌었고, 2차 대전 후 다시 소련 영토로 편입되었다가 소련이 해체되면서 독립한 기구한 운명의 역사를 가지고 있었다.

바다가 내려다 보이는 탈린 시가 및 항구

탈린의 신시가지

탈린은 마치 동화에 나오는 성과 성곽, 교회 등 아름다운 건축물이 도시를 꽉 채우고 있었다.

## 14세기 중세 그대로의 도시

에스토니아는 러시아로부터 독립한 후에 작은 국토에 천연자원도 없는 나라이기 때문에 좋은 교육과 인적 자원의 장점을 살려 Digital Business와 관광 서비스업에 총력을 기울이고 있다. 우리가 쓰고 있는 Hotmail, Outlook Express, Skype 프로그램들이 에스토니아에서 만들어졌다고 하니 놀랍다. 신시가지는 현대적인 건물로 가득한데 이 시가지에서 새로운 발전을 위해 노력하고 있는 에스토니아를 읽을 수 있다. 신시가지와 구시가지가 대조되는 멋진 도시가 바로 탈린인 것이다. 위에서 내려다본 탈린 시내는 형형색색이 아름답다. 어떻게 이 도시가 여러 강대국들의 침략과 지배를 받았으면서도 파괴되지 않고 그대로 보존되었을 까 하는 의문이 생겼는데 탈린의 역사를 읽어보니 그 의문이 풀렸다.

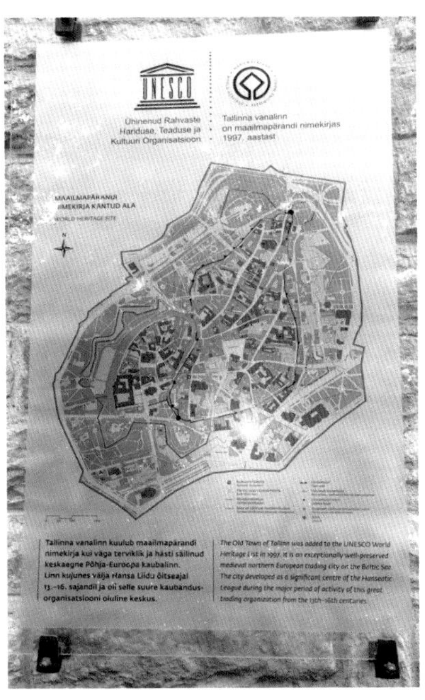

탈린성 구시가지의
유네스코 세계문화유산 인증서

15세기 이후에는 스웨덴, 독일, 러시아로부터 끊임없이 침입을 받아왔으면서도 힘이 약한 도시국가여서 강대국으로부터 침략을 받으면 가능한한 빨리 항복을 하고 협상하는 방법을 선택했기 때문이다. 도시국가가 거대한 나라들을 상대로 전쟁을 하기는 어려우므로 바로 항복하는 것이 도시를 온전히 보전하고 시민을 구하는 최선의 방법이었던 것이다. 도시가 고스란히 보전된 덕택에 탈린은 발틱해 주변과 북유럽에서 가장 아름다운 중세도시의 모습을 그대로 유지하면서 최고의 인기 관광지가 되었다. 유네스코에서도 도시 전체를 유네스코 세계문화유산으로 지정하여 보존하고 있다.

핀란드와 에스토니아는 국민소득이 3배 이상 차이가 나다 보니 자연히 특정 물가의 경우 핀란드가 에스토니아보다 두세 배까지 높다. 따라서 헬싱키 사람들은 장을 보러 탈린에 간다고 한다. 왕복 50유로 내고 탈린에 가서 놀다가 술, 담배 등 특히 관세가 높은 품목들을 사서 헬싱키에 돌아가면 본전을 뽑고도 남는다고 한다.

탈린에서는 방 2개짜리 아파트를 예약했는데 최근에 지어진 아파트로 아주 깔끔하고 쾌적했다. 냉장고에는 먹을 것과 마실 것이 가득 준비되어 있었고, 욕실에는 수건도 충분했는데 일박 요금은 18유로로 우리 돈으로 25,000원 밖에 되지 않았다. 이런 아파트를 헬싱키에서 빌렸다면 아마도 최소한 250,000원은 줘어야 될 것 같다. 불과 배로 2시간 남짓 거리의 헬싱키와는 너무도 비교되어 놀랐다. 옛날에 현해탄을 두고 한국과 일본의 물가차이를 보는 것 같았다. 탈린에서 2박을 했는데 이렇게 좋은 줄 알았다면 좀 더 머무르는 일정을 가질 것을 하는 아쉬움을 남겼다.

## ▌탈린이란 이름은 13세기 덴마크인들의 도시라는 뜻

우선 성벽을 따라 한바퀴 돌아보기로 했다. 옛날 성벽이 고스란히 남아 있기 때문에 성벽만 따라 가면 성 안팎의 경치를 모두 구경할 수 있기 때문이다. 언덕으로 올라가서 첫 번째 나온 것이 성에서 가장 높은 망루였다. 성벽에는 탈린 Old City의 성이 유네스코 지정 문화재로 등록되어 있다는 표지가 큼지막하게 붙어 있다. 유네스코 표지가 나오면 항상 유네스코에서 세계문화유산지정을 담당하고 있는 친구 생각이 나서 더 반갑다. 여행하는 도중에 유네스코 등재 문화재 표시가 있으면 꼭 그 친구에게 사진을 보내곤 한다.

성 안쪽으로 돌아 올라가니 광장이 나왔다. 덴마크인들이 13세기에 지은 톰베아성이 있고 그 안에 1900년대에 지어진 국회의사당 건물이 있었는데 신구건물이 조화를 잘 이루고 있었다. 국회의사당 앞에는 모스크바 광장에 있는 바실리카 성당을 본딴 넵스키 성당이 자리 잡고 있다.

웅장한 톰베아성 성벽과 망루

톰베아성 내의 국회의사당

넵스키 성당 내부

넵스키 그리스 정교회

중세 모습을 간직한 구시가지 성내 골목

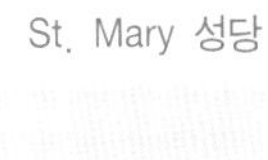
St. Mary 성당

## ▌러시아의 성당

넵스키 성당은 1900년대에 지어진 성당으로 러시의 황제를 상징하는 성당이어서 러시아를 싫어하는 에스토니아 국민들은 잘 가지 않는 성당이라고 한다. 에스토니아 국민들 중 러시아인 계통 사람들이 26% 정도가 되는데 지금은 러시안들만이 성당을 주로 찾는다고 한다. 이 성당에는 15톤에 달하는 교회 종이 있는데 종소리가 크고 웅장하기로 유명하다. 내부 벽화도 신비롭고 섬세하다. 특히 색채가 아름답다.

골목을 채운 유럽 단체 관광객들

의사당 건물과 넵스키 성당 사이의 골목길을 걸어 들어가면 영락없이 중세도시 같은 기분이 드는 마차 길 정도의 좁은 길이 나온다. 아주 소형차를 제외하고는 자동차가 다니기에는 힘들 것 같다. 골목을 지나자 자그마한 St. Mary 성당이 나온다. 이 성당은 러시아의 그리스 정교가 아니고 구교(Catholic) 성당이다. 탈린의 종교는 구교, 신교, 그리스 정교 등 교회 종류가 다양하다.

## 파괴되지 않고 보존된 아름다운 탈린 구시가지

성당 안쪽으로 들어가면 성의 담벼락 위에 구시가지를 내려다볼 수 있는 관망대가 있다. 관망대에서 내려다 보이는 타린 구시가지의 형형색색의 여러 형태의 지붕들은 경탄을 자아낼 만하다. 유럽 여기저기에서 오는 많은 관광객들이 탈린 시가지를 꽉 채우고 있는 이유를 알 것 같다. 사람들은 저마다 이구동성으로 동화 속에나 나올 듯한 예쁜 건물과 색채에 대해서 아름답다는 감탄사를 내놓는다. 성벽과 망루 등 구시가지가 잘 보존되어 있다.

골목마다 유럽에서 온 관광객들로 가득하다. Fat Margaret's Tower라고 하는 망루는 뚱뚱이 망루라고 하는 별명이 있는데 이는 망루에 대포 총안구를 만들기 위해 둥글고 크게 만들어서 그렇다고 한다. 동쪽 문인 Viru Gate도 아름다운 원형이 그대로 남아 있다.

중세시대부터 잘 보존된 동화 같은 건물들

뚱뚱이 마가렛 망루

성곽을 따라 잘 보존되어 있는 망루들

성 밖의 공원

탈린 Town Hall 광장

Town Hall 광장의 예쁜 레스토랑

## ▌시청 앞 광장

시청 밴드와 관광객들

Town Hall Square 시청 앞 광장은 탈린 구시가지의 가장 중심에 있다. 중세 유럽국가들의 광장은 도시 한중앙에 위치하여 시민생활의 중심이 되는 곳이다. 집회와 사교, 상업기능이 이루어지는 곳으로 도시 시민들의 삶과 정신의 핵이 되는 곳이다. 탈린의 구시가지 길의 모든 방향은 광장으로 향하게 되어 있다. 광장에는 시청이 있고 부근에 St. Nicholas 교회가 있다. 저녁 때쯤 되자 모든 관광객이 Town Hall Square로 모여든다. 광장에서는 관광객을 위한 브라스 밴드 연주가 한창으로 관광 분위기를 더욱 고조시킨다.

유럽과 세계 여러 나라에서 온 관광객들로 가득하다. 관광객들은 청명하고 화창한 날씨에 모두 즐거운 분위기이다. 이때 한쪽의 10여 명이 넘는 관광객 팀들이 나를 부른다.

Cornell 모자 알아보는
New York 관광단

내가 쓴 Cornell 모자를 알아보고 Cornell! Cornell!이라고 외친다. 뉴욕에서 온 관광단이었다. 나도 New York! 하면서 맞아 주었더니 모두들 좋아했다. 미국 New York의 단체 관광단이란다!

세상은 참 좁기도 하다. 이런 외진 작은 나라에서까지 내 모자를 알아보는 사람이 있다니 참 지구촌 가족이란 말이 실감이 난다!

중세 기사 갑옷을 입고 관광객을 즐겁게 한다

한쪽에서는 긴 칼을 들고 중세 기사 복장으로 무장한 기사가 관광객들과 어울려 사진을 찍어주며 익살스럽게 광장의 분위기를 잡아주고 있고 한 꼬마 아가씨가 신기한 듯 쳐다보고 있다.

## ▌St. Nicholas 교회

이 니콜라스 교회는 탈린에서 가장 큰 교회로 1230년대 스웨덴 Gotland 출신의 독일 상인들에 의해서 고딕 양식으로 지어진 교회이다.

2차 대전 중 러시아에 의한 폭격으로 상당 부분이 화재에 소실되었으나 내부 유물들은 폭격이 있기 전에 미리 옮겨 다행히 많은 유물들이 살아남을 수 있었다고 한다. 건물은 복구되어 현재는 그 일부가 박물관으로, 또 다른 일부

St. Nicholas 교회

Bernt Notke의 "The Dance of Death"라는 30m나 되는 그림

는 콘서트홀로 사용되고 있어 탈린 사람들의 역사와 문화 그리고 예술의 중심점이 되는 곳이다.

여기에는 16세기 북유럽에서 유명한 화가인 Bernt Notke의 "The Dance of Death"라는 길이가 무려 30m나 되는 그림이 있는데 그 내용은 '힘 있는 자나 없는 자나 다 같이 흘러간다'는 인생무상에 대한 그림이다. 인생의 무상함에 대해서 느끼는 감정은 동양이나 서양이나 별 차이가 없는 것 같다.

## ▌유령이 많이 나타난다는 덴마크 왕의 정원

탈린에는 유난히도 유령이 많이 나타난다는 이야기들이 많다. 검은 백작 유령, 처녀 유령, 창녀 유령, 수도승 유령, 뿔난 괴물 유령, 백말 탄 유령 등 가지가지 유령들이 있다.

대표적인 것이 덴마크 왕의 정원 쪽문 부근에 있는 수도승 유령이다. 이 수도승은 원래 사형 집행인인데 수많은 사람들을 사형 집행한 것에 대한 속죄의 마음으로 수도승이 되었으나, 결국 하느님께 귀의하지도 못하고 성내 여기저기

덴마크 왕의 정원

사형 집행인이었던 수도승 유령

를 떠돌아 다닌다는 이야기다.

워낙 외세침략도 빈번하고 빈부의 격차가 심해 민심이 흉흉한데서 온 온갖 떠도는 루머들 중의 하나가 아니었을까? 지금은 이런 유령 이야기들이 Story Telling이 되어 유명한 여덟 가지 유령 이야기인 "TOP 8 Ghost Stories of Tallinn"으로 만들어져서 탈린을 찾는 세계의 관광객들에게 즐거움을 준다.

## Viru Gate

옛날 구시가 성문 중의 하나인 Viru Gate는 아직도 원형 그대로 멋지게 남아 있다. 지금은 구시가지와 신시가지를 나누는 경계이기도 하다. 신시가지에 있다가 여기 문을 지나기만 하면 마치 15세기 중세 봉건 시대로 들어가는 느낌이다.

중세의 문이 그대로 남아 있는 Viru Gate

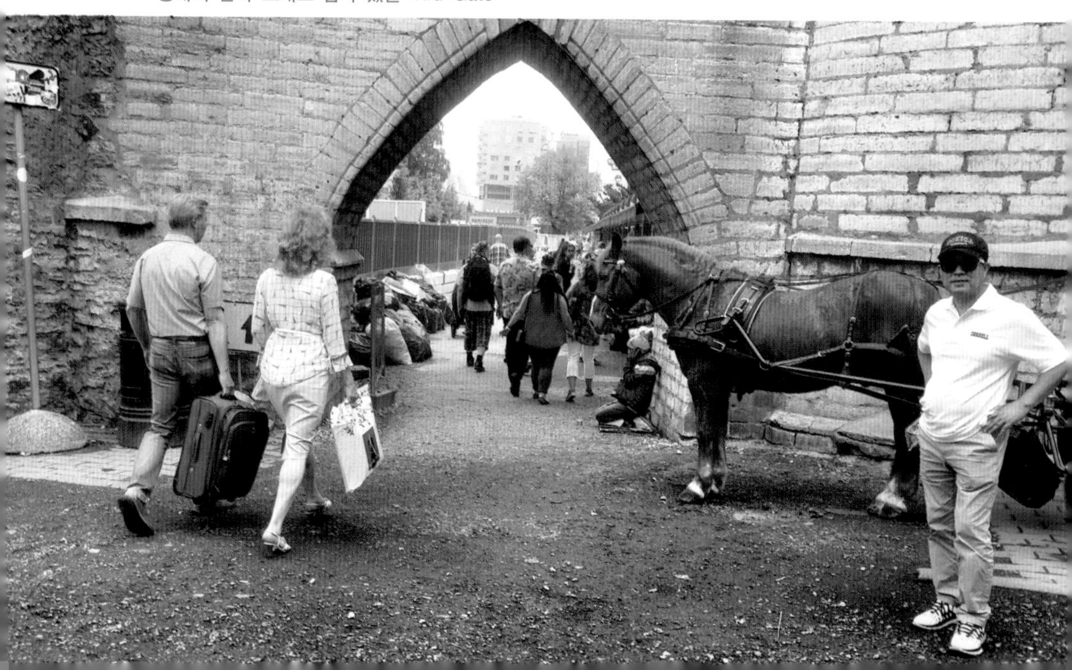

원형 그대로의 Gate

성문 앞 꽃집 거리

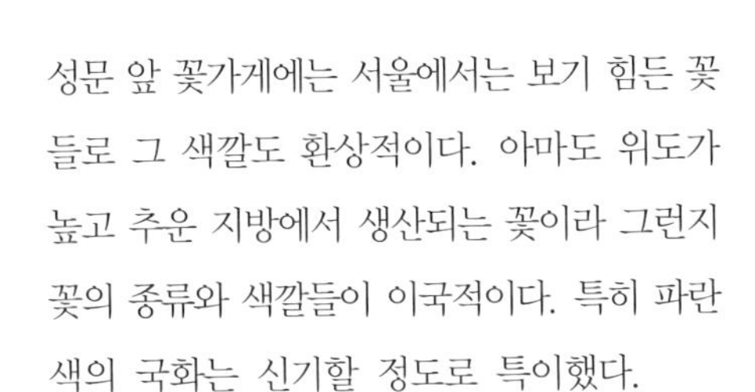

성문 앞 꽃가게에는 서울에서는 보기 힘든 꽃들로 그 색깔도 환상적이다. 아마도 위도가 높고 추운 지방에서 생산되는 꽃이라 그런지 꽃의 종류와 색깔들이 이국적이다. 특히 파란색의 국화는 신기할 정도로 특이했다.

독특한 색의 국화들

길거리에서 우쿨렐레를 연주하며
노래 부르는 소녀

10대의 장난꾸러기들

여느 아이들처럼 탈린의 아이들도 해맑고 구김살이 없다. 우쿨렐레를 치면서 노래 부르며 돈을 버는 아이들도 있고 뭐가 그리 즐거운지 큰소리로 깔깔대고 웃으며 길에서 서슴없이 뛰어 내달려 벽에 물구나무서기를 하기도 한다. 자기들이 물구나무서기를 할 테니 사진을 찍으라고도 한다. 관광객들이 보아주니까 더 재미있어 하는 것 같았다.

## ▌소련으로부터 독립한 에스토니아

1989년 발틱 3국－에스토니아, 라트비아, 리투아니아 전체 인구의 약 1/4에 달하는 200만 명의 시민들이 손에 손을 잡고 역사상 가장 긴 인간사슬을 만들었다. 600km에 달하는 인간띠는 세 개 나라 모두를 가로질렀다. 소련으로부터 독립을 쟁취하기 위해서였다. 독립국가들이었던 이 세 나라는 1939년 독일과 소련의 비밀 불가침조약 체결 시 소련의 손으로 넘어간 나라들이었다. 전 세계로 하여금 50년 전에 자행된 강대국인 독일과 소련에 의해서 독립을 잃었고 강대국의 침탈이 여전히 이 땅에서 사라지지 않고 있음을 상기시면서 독립을 쟁취하기 위한 시위였다. 마치 우리나라의 3.1 독립운동과 같은 비폭력적인 저항이었던 것이다.

이 시위는 소련 공산당 서기장 고르바초프를 충격에 빠뜨렸다. 발틱 3국이 분리를 요구할 어떠한 근거도 없다고 주장했다. 공산당들의 상투적인 주장이었다. 스탈린은 이 지역을 1939년 소련에 강제 합병하여 주민들을 체포하고 감금시켰으며, 러시아인들을 대규모로 이주시켜 독립의지를 희석시키려 했던 것이다. 고르바초프는 경제 제재와 군사력으로 질서를 유지하려 했으나 1991년 8월 모스크바에서 공산주의가 무너지고 민주화가 연이어 일어나면서 발틱 3국은 마침내 독립을 쟁취할 수 있었다. 그리고 뒤이어 2001년에는 NATO에 가입하였다. 여기가 바로 그 독립을 쟁취하기 위해서 모였던 자유의 광장이고 매년 독립을 경축하는 장소이기도 하다.

유리 십자가와 자유의 광장 그리고 광장 뒤로 교회가 보인다. 자유와 독립의 소중함을 일깨워준 최근세사이기도 하다. 수백 년간을 주변 강대국에게 시달리고 결국 일본에 합병당했던 대한민국의 뼈아팠던 처지와 너무도 닮아서 그들의 아픈 역사를 더 잘 이해할 수 있을 것 같았다.

자세히 들여다보면 에스토니아 민족의 대부분은 핀란드의 핀족과 같은 민족이다. 외모상으로는 유럽 인종처럼 보이지만 인종적으로는 주변의 게르만족이나 슬라브족과도 다르고 그들 고유한 언어와 역사를 가지고 있다. 스스로의 정체성을 지키면서 살아온 민족이다. DNA에 따른 민족 구성을 보면 핀란드인처럼 우랄 및 동양계에 가까운 그룹에 속하고 언어도 우랄알타이 계통의 언어라니 놀라웠다.

러시아로부터의 독립을 외쳤던 자유의 광장

언뜻 외모로만 보면 주변국들과의 차이를 못 느낄 수도 있지만 자세히 보면 핀란드 사람들이 인접한 노르만족이나 슬라브족들과 다르듯이 이들도 주변과 많이 다른 독특한 점이 있다. 피부는 밝아 백인처럼 보이지만 북쪽의 몽골리언과 아이누족처럼 광대뼈가 발달해 얼굴이 넓은 사람들이 많고, 어딘가 동양적인 모습도 가지고 있는 것 같다. 언어도 핀란드어처럼 성의 구별이 없으며 관사가 없고 어미의 변화에 따라 시제와 언어의 뜻이 달라지는 헝가리어, 터키어 및 우리나라의 언어와 유사함을 가지고 있다.

이번 에스토이나 여행은 핀란드 여행과 함께 유럽에서 독특한 문화와 민족으로 구성된 것을 볼 수 있었다는 데 뜻 깊었다. 어딘지 모르게 소박하고 동양적인 느낌을 느낄 수 있는 나라들이었다. 그리고 근면 검소하며 인구가 적고 강대국들의 틈에서 끈질기게 살아남은 나라로 우리와 같은 정서를 공유할 수 있는 나라인 것 같아 더욱 정이 가는 나라였다. 개개인의 자유의 소중함, 국가의 소중함을 느낄 수 있는 좋은 여행이었다.

이제 라트비아로 갈 채비를 해야 한다. 라트비아로 가는 기차 편을 알아보기 위해서 기차역으로 갔는데 아직 기차가 운행되지 않는다고 한다. 그동안 구소련에서 운행되던 철도가 있어서 기차로 라트비아 리가까지 갈 수 있을 것으로 생각되었는데 생각과는 달랐다. 역에는 고속전철과 같은 기차들이 운행되지 않는 채로 서 있는 것으로 보아 아마도 최근 발틱 3국 간 철도 연결 문제가 타결되지 않아 그런 것 같다.

국제버스를 타는 터미널로 가는 것이 좋겠다고 해서 발틱해 연안과 러시아를 연결하는 버스 편인 LUX 버스 편을 예약했다.
내일은 라트비아의 수도 리가로 출발한다!!

3

# 라트비아 리가

RIGA
www.rigatourism.lv
RIGA
Etnogrāfiskais brīvdabas muzejs
DAUGAVA
ANDREJOSTA
VIESTURA DARZS
Hanzas iela
Pulkveža Brieža iela
Eksporta iela
Skanstes iela
Kr. Valdemāra iela
Brīvības iela
A.Čaka iela
Pērnavas iela
GRĪZIŅKALNS
ZIEDOŅDĀRZS
KRONVALDA PARKS
ESPLANADE
Brīvības bulvāris
VĒRMANES DĀRZS
VECRĪGA
Marijas iela
Satekles iela
Valmieras iela
Vanšu tilts
ĶĪPSALA
KLĪVERSALA
11. novembra krastmala
13. janvāra iela
Akmens tilts
Krasta iela
Raņka dambis
Slokas iela
Uzvaras bulvāris
UZVARAS PARKS
Mūkusalas iela
ZAĶUSALA
Lāčplēša iela
Doles pils 14km
St. Vagonu parks
DAUGAVA

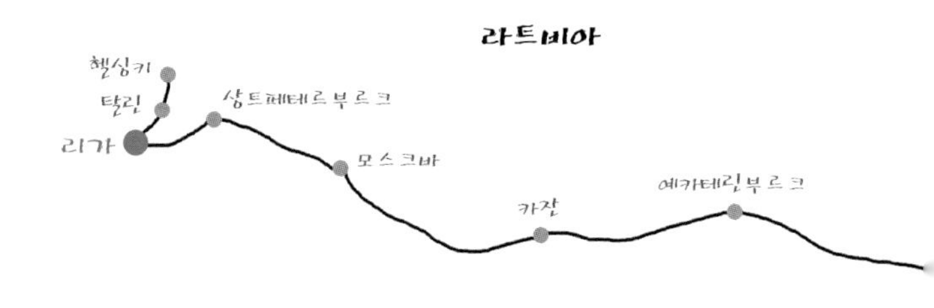


탈린에 볼 것이 많아 더 있을까 하는 생각도 있었는데 아쉬움을 뒤로 하고 다음 날 아침 느긋하게 일어나 짐을 꾸렸다. 먹을 것이 가득 채워져 있고 30여 평이나 되는 아파트를 하루 25,000원에 손님에게 빌려줘 뭐 남는 게 있을까?

LUX 국제선 버스 정류장

숙소에서 버스정류장까지는 1시간 정도 걸렸는데 일부러 구경삼아 걸어갔다. 버스는 LUX Express 리무진으로 깨끗했다. 버스비는 30유로로 우리나라 돈으로 약 37,000원 정도다. 탈린에서 리가까지는 350킬로 정도로 약 4시간 반 정도가 소요되었다. 가는 도중 양쪽 옆의 길은 소나무 숲으로 평야를 이루고 있었다. 산지나 구릉은 거의 없었다. 6월의 탈린에서 리가로 가는 길은 상쾌하였다. 가끔 바다가 오른쪽으로 보일 때에는 멋진 해변 풍경이 나오곤 했다. 오후 4시 40분 정도에 리가에 도착했다. 이번 숙박도 아파트를 예약했다.

라트비아는 에스토니아에 비해서 아직 덜 개발된 것 같았고 숙소는 트램이 다니는 큰 길에 위치하고 있었다. 오래된 아파트여서 낡고 우중충하긴 했으나 꽤 널찍해서 좋았다. 주인은 젊은 아가씨였는데 알고 보니 자기 친구와 오빠 등 넷이서 아파트를 빌려 운영하고 있다고 했다. 소련에서 독립은 했으나 아직 산업기반을 제대로 구축하지 못한 라트비아는 경제가 어려워 젊은이들이 취직하기가 무척 어렵다고 한다. 친구와 같이 돈을 모아 아파트를 빌려서 하고 있는데 예약이 잘 안 될까 봐 걱정을 많이 하고 있었다.

에스토니아는 일찌감치 디지털과 관광 산업을 특화시켜 성공시킨 데 반해 라트비아는 아직 그렇지 못한 것이다. 정부에서는 EU 가입 등 여러 가지로 노력하고 있으나 아직 경제가 좋지 않다 보니, 이 나라에서는 많은 젊은 남자들이 EU국가들로 일하러 떠나가서 남자가 여자에 비해서 부족한 현상까지 나타난다고 한다. 다행히 EU에는 가입되어 언어만 된다면 EU 어디든 가서 일은 할 수 있는 것 같았다.

리가도 에스토니아의 탈린처럼 도시국가 형태로 오래된 전통을 가지고 있어 시내 안에 중세의 아름다운 건물들이 그대로 보존되어 있었다. 성곽은 보이지 않았으나 광장 주변에는 독특하고 아름다운 건물들이 많았다. 여기도 역시 유네스코 세계문화유산으로 지정된 곳이다. 뜻밖에도 리가에 한국 식당이 있었다. 관광지도 광고란에 KOREA HOUSE 광고가 되어 있어서 반가웠다. 1주일째 한국 음식을 구경도 못한 상태여서 거기 가서 불고기를 먹고 싶은 생각이 들어 찾아갔다. 찾아가는 동안 골목 골목들이 옛날 중세시대를 연상하게 한다.

중세 모습을 그대로 간직한 리가 골목

식당 주인은 30대 후반의 젊은 친구였는데 원래 중국에서 공부하다가 라트비아 유학생을 만나 결혼해서 리가에 살게 되었다는 것이다. 리투아니아에서 생산되는 공업 생산품들이 거의 없어서 경제가 매우 어려운 상태라는 것이다. 있는 산업이란 것은 관광이 유일해서 관광에 아주 많은 기대를 하고 있다고 했다. 주인은 그동안 한국 사람들을 거의 본적이 없어 한국어로 이런 얘기 저런 얘기를 많이 할 수 있어서 좋다고 했다. 그리고 주인은 어떻게 이런 먼 곳까지 왔냐고 물어왔다.

헬싱키와 발틱 3국을 구경하고 러시아의 상트페테르부르크에서부터 시베리아 횡단 열차를 타고 블라디보스토크까지 갈 예정이라고 얘기했더니 주인은 눈이 휘둥그레졌다. 자신은 모스크바에서도 공부를 했는데 자기도 가본 적이 없다고 한다. 러시아어도 모르고 나이도 지긋하신 분이 어떻게 시베리아를 횡단하시려고 하느냐고 반문했다. 실제 아는 러시아어는 열 마디도 안 되었는데 손발짓으로 하고 시간과 비용을 넉넉하게 잡고 가면 되는 것 아닐까요? 하고 반문했더니 더 이상 할 말이 없는 듯했다. 그래도 걱정되는지 가게문을 닫은 후 다시 만나 사전 지식 교육을 받고 가라고 했다. 모처럼 한국식으로 밥과 갈비를 먹을 수 있었다.

리가의 올드 타운은 유네스코 유적으로 지정되어 있는데 올드 타운과 중앙광장의 구성은 탈린의 구시가지와 아주 비슷했다. 아마도 15세기 도시국가들의 도시 계획이 비슷해서 그런 것으로 생각된다. 건축물들은 네오클래식, 고딕, 바로크, 르네상스 양식까지 모든 건축 양식을 따서 지어졌다. 건물들이 새 건물처럼 보이는 이유는 2차 대전 때 폭격으로 거의 소실된 건물들을 다시 지었기 때문이다.

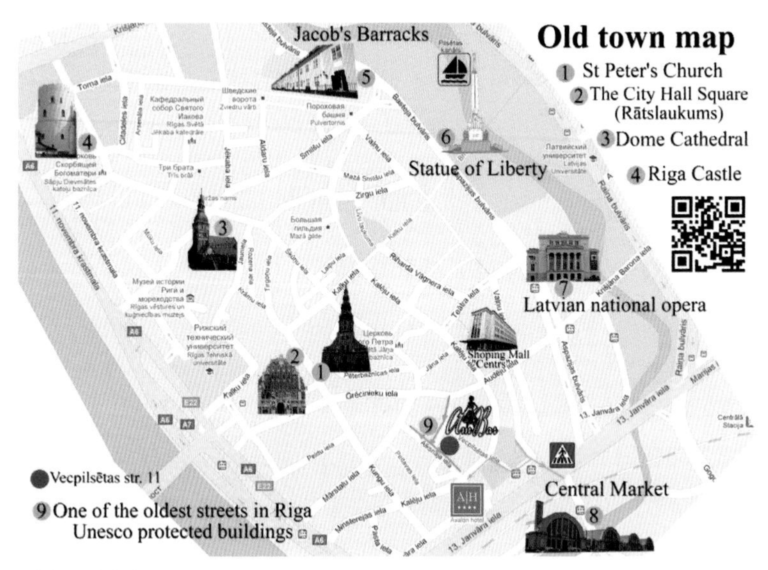


리가 구시가지

## ▌중앙광장

중앙광장에서 왼쪽으로 높게 보이는 뾰족탑의 건물이 St. Peter 교회이다. 하늘을 찌를 듯한 이 교회는 1209년대부터 지어진 건물로 고딕과 로마네스크 형태가 가미되었으며 후에는 바로크식이 추가되면서 여러 가지 시대 건축물 형태를 보여주는 리가의 상징적인 건축물 중의 하나이다. 1746년 재건축될 때 첨탑 높이가 120.7미터까지 건축되었다고 한다. 2차 대전 때 폭격으로 상탑이 소실되고 건물 벽만 남아 있었으나 1954년부터 30여 년에 걸쳐 재건되어 지금의 형태를 이루게 되었다. 지금은 72m까지 엘리베이터를 설치하여 관광객들이 쉽게 올라가 시내를 볼 수 있도록 해 놓았다. 여기서 내려다 보이는 리가 시내를 관통하여 굽이쳐 흐르는 다우가바 강변의 아름다운 풍경은 일품이다.

St. Peter 교회에서 내려다본 다우가바 강변

St. Peter 교회　　　리가 광장

우측으로 삼각면 형태로 화려한 두 건물이 형제처럼 붙어 있는 것이 1334년부터 한자동맹의 무역상인들이 머무르며 회의를 했던 건물이다. 아프리카와 남미를 상대로 무역을 한 검은 얼굴의 무어인들이 결성하여 세운 "블랙헤드 길드(Guild)" 조합이라 하여 건물 앞에는 검은 얼굴의 조각이 새겨져 있다. 벽의 시계는 1334년을 표시하고 있다. 그 앞에 칼을 들고 있는 동상은 리가의 수호 성인인 성 로란드상이다. 오늘날로 따지면 상공회의소 건물에 해당된다.

한자동맹 상공회의소

검은 무어인상의 조합원

조합이 결성된 1334년 상징시계

광장의 관광객맞이 밴드

광장으로 몰려드는 관광객들

손님맞이 준비 중인 맥줏집

저녁 때가 되자 중앙광장에는 록 밴드가 관광객들을 맞이하기 위해서 열심히 장비를 테스트하고 있었다. 관광객들도 하나 둘 중앙광장 쪽의 식당, 맥줏집과 커피숍으로 모여들기 시작하고 있었다.

리가 랜드마크인 Evangelical Lutheran Cathedral 성당

## Dome Cathedral

Evangelical Lutheran Cathedral 성당은 독일의 색슨 지방에서 온 알버트(Albert) 주교에 의해서 1215년부터 1221년까지 세워진 성당으로 발틱 삼국에서 가장 큰 성당이다. 알버트 주교는 4차 십자군전쟁 중에 독일의 왕과 교황 이노센트 3세의 후원 하에 손수 십자군과 스웨덴 상인들을 이끌고 라트비아에 진출, 1201년 현

리가를 건립한 알버트 주교

세계 최대의 파이프 오르간

Evangelical Lutheran Cathedral 미사 홀

박물관으로 쓰이는 교회의 내부

라트비아의 수도인 리가를 세웠다고 한다. 리가의 랜드마크로 성당의 벽화와 사진들이 여행기에 많이 오르내리고 있다.

이 성당에는 6,768개의 파이프로 이루어진 어마어마한 크기의 파이프 오르간이 있으며 여러 가지 볼거리 유물들을 진열해서 관광객들이 볼 수 있도록 하고 있다.

## ▌삼형제 건물

또 하나 재미있는 건축물이 Maza Pils에 있는 삼형제 건축물이다.

삼형제 건물

Maza Pils는 리가에서 가장 오래된 거리이다. 세 건물이 흰색, 노란색, 녹색 건물로 각각 15, 16, 18세기에 지어진 건물이다. 모양이 흰색 건물은 600년이나 된 건물로 처음에 공장 용도로 쓰기 위해 한 공간으로만 건축한 것이라 한다. 건물의 창문이 다른 두 건물에 비해서 작은 것은 중세에 리가에서는 건축물에 대한 세금을 창문의 크기로 부과했는데 세금을 적게 내기 위해서 그랬다고 한다. 세금은 예나 지금이나 무서운 것이었나 보다. 계단식 박공지붕에 고딕식과 르네상스 초기 장식이 가미된 것이다. 가운데 노란색 건물은 현재 라트비아 건축 박물관으로 사용 중인데 네덜란드 형식의 건축으로 초기 르네상스 시기에 바로크식으로 들어가는 시기에 지은 건축 형태로 거실 등을 포함해서 거주를 위하여 지은 건물이다. 녹색 건물은 바로크 시대 유행에 따라 지어진 건물로 층마다 주거를 위한 작은 아파트를 넣은 것이 특징이다. 중간 노란색 건물은 현재 라트비아 건축 박물관으로 사용 중이다.

## ▌자유의 기념탑과 바스티온 힐 공원

자유의 기념탑은 소련으로부터 독립하기 위해 1918~1920년에 벌인 독립전쟁 중에 사망한 군인들을 기리기 위하여 1935년 건립한 기념탑이다. 42m의 높이로 이 기념탑은 자유, 독립, 주권을 상징한다. 라트비아 사람들의 공공 집회와 의식을 하는 핵심의 장소이기도 하다. 한때 모스크 공국과 겨룰 정도로 세력이 막강했으나 국민 내부의 분열로 스웨덴, 러시아, 독일에게 지배를 받아야 했다. 정치가들이 각

독립기념 자유의 기념탑

각 스웨덴, 소련, 독일 편으로 갈라져 나라를 유지할 수 없었고 보복의 악순환으로 수십만의 목숨을 잃어야 했다.
구한말 친일, 친청, 친러로 갈라진 조선왕조의 모습을 보는 것 같았다. 어쩌면 지금도 친미, 친중로 갈라져 아옹대는 대한민국이 타산지석으로 삼아야 할 역사이다. 기념비 좌우측으로는 라트비아 사람들이 보석 공원이라고 부르는 시민공원이 있다. 구도시와 신도시 사이에 말끔하게 잘 단장된 아기자기한 운하 공원이다. 운하길을 따라서 걸어보니 보석이라고 하는 말이 이해가 간다.

운하를 따라서 예쁜 배들이 도심 중심부를 가로지르며 운항되고 있는 모습은 한편의 시처럼 느껴졌다. 운하를 따라서 공원 사이를 걷는 기분은 말할 수 없이 상쾌하다. 6월은 라트비아에서 최고의 날씨다. 비도 거의 오지 않고 선선하며 쾌청한 우리나라의 5월과 비슷하다. 공원은 온통 연둣빛으로 짙은 초록색에 들어가기 전이고 6월에 피는 꽃으로 가득하다.

동화처럼 아기자기한 리가 공원

## 오즈 골프장에서

집에 돌아와 숙소 주인에게 내일 골프를 치고 싶으니 오즈(OZO) 골프장에 예약 좀 해 달라고 부탁했다. 언젠가 뉴스에서 라트비아 오즈 골프장에서 한국계 미국인 미셸 위가 European Championship Golf에서 우승했다는 뉴스를 본적이 있다. 날씨가 좋기 때문에 예약만 되면 꼭 골프를 하고 싶었다. 숙소 주인은 테이블에 앉아서 열심히 통화하면서 예약을 해줬다. 캐디 없이 간편하게 칠 수 있다고 하여 다행이다. 카트는 직접 끌고 다니면서 쳤는데 6월 라트비아 리가의 골프장은 잔디가 환상적이었다. 골프 비용이 저렴하고 날씨와 잔디가 좋아 유럽 각국에서 골프 전지훈련과 골프 단체관광을 오는 곳이기도 하다. 연습장에 나가 보니 이미 많은 청소년들이 여기저기에서 골프 레슨을 받고 있었다.

11번 홀이 안 보여서 찾고 있는데 옆 홀에서 골프를 치고 있던 노신사가 와서 다음 홀을 친절하게 가르쳐 줬다. 어디서 왔냐고 물어왔다. 한국에서 왔다고 하니 그는 무척 반가워했다. 자기가 라트비아 전직 수상이라고 한다. 한국이

오즈 골프장

유럽 관광객들과 골프 연습생들

리가의 일품 전통 맥주

찬란한 날씨와 함께 빛나는 골프 코스

제조업이 발달하여 좋은 사업거리가 많을 것 같아 한국에 갔다 온 적이 있다고 얘기했다. 한국에서 이명박 대통령도 만나고 삼성전자 공장도 구경했다고 자랑했다. 뜻밖에 리투아니아의 전직 VIP도 만나는 재미있는 경험도 했다. 또 운동 후에 클럽하우스에서 먹는 맥주와 음식 맛은 그야말로 꿀맛이었다.

## Art Nouveau 건축물

리가에는 19세기 들어 도시의 급속한 팽창과 인구의 증가로 Old Town 밖에 새로운 격자형 도시계획이 마련되었다. 덕분에 건물마다 아름다운 조각과 예술미를 가미한 거리가 탄생한 것이다. 특히 1910년부터 1913년 사이 300~500여 개의 6층 아파트들이 지어졌는데 이 건축물의 대부분이 Art Nouveau 형식으로 지어졌다. 건물마다 조각, 스테인드글라스, 벽난로 등 아름다운 장식이 가미되었다. 리가의 Art Nouveau 건축물 거리는 관광객들에게 무궁무진한 볼거리를 제공하고 있다. 이 거리에는 유명인들의 그림, 공예품 작업실과 예술품을 파는 가게들이 즐비해 있어 보는 것만으로도 즐겁다.

Art Nouveau 건축물 거리

각종 조각상들

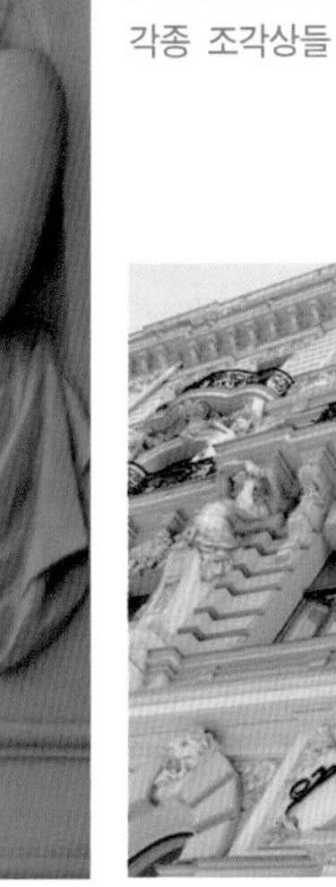

여신상

현란한 조각상들

인물상

골프장을 오갈 때는 트램을 이용했는데 이용요금도 1유로 남짓 저렴했다. 트램 시간표나 지도를 보는 데 익숙하지 않아 머뭇거리면 사람들은 너나 할 것 없이 먼저 다가와서 도와줄 것 없느냐고 물어본다. 길을 물어보면 잘 모를 경우에는 핸드폰으로 다른 가족에게 물어봐서 알려줄 정도로 친절하다. 트램이나 버스를 탈 때는 내가 버스를 제대로 타는지 확인 한 다음에 자기 길을 가는 극진한 친절을 보여줬다. 경제적으로 풍족하지는 못하지만 친절하고 수더분한 리가 사람들에게 정이 간다.

한 달 후 집에 돌아와 이메일을 열어보니 내가 떠난 후 숙소 주인은 내가 사용한 아파트의 사용 후기를 다음과 같이 남겨 놓았다. "환상적인 손님이었고 방을 완벽하게 깨끗하게 썼다"라고 칭찬을 남겨줘서 다행이다. 원래 사용 후 후기를 써서 올려줘야 하는 것이 예의인데 한 달간 러시아를 횡단하느라 사용 후기를 올려주지 못해서 미안했다.

리가의 전차

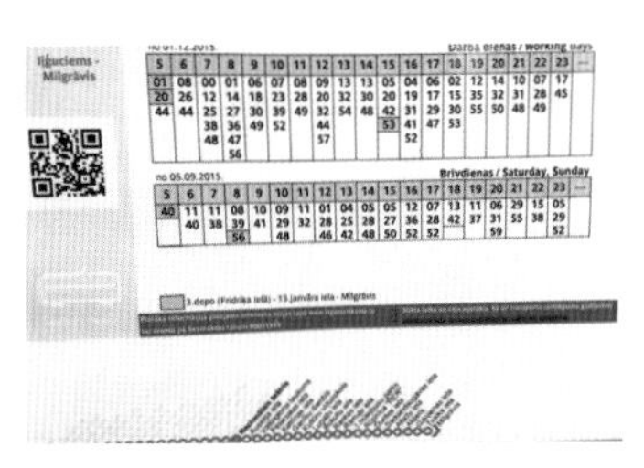


Darba dienas / Working days

| 5 | 6 | 7 | 8 | 9 | 10 | 11 | 12 | 13 | 14 | 15 | 16 | 17 | 18 | 19 | 20 | 21 | 22 | 23 | — |
|---|---|---|---|---|---|---|---|---|---|---|---|---|---|---|---|---|---|---|---|
| 01 | 08 | 00 | 01 | 06 | 07 | 08 | 09 | 13 | 13 | 05 | 04 | 06 | 02 | 12 | 14 | 10 | 07 | 17 | |
| 20 | 26 | 12 | 14 | 18 | 23 | 28 | 20 | 32 | 30 | 20 | 19 | 17 | 15 | 35 | 32 | 31 | 28 | 45 | |
| 44 | 44 | 25 | 27 | 30 | 39 | 49 | 32 | 54 | 48 | 42 | 31 | 29 | 30 | 55 | 50 | 48 | 49 | | |
| | | 38 | 36 | 49 | 52 | | 44 | | | 53 | 41 | 47 | 53 | | | | | | |
| | | 48 | 47 | | | | 57 | | | | 52 | | | | | | | | |
| | | | 56 | | | | | | | | | | | | | | | | |

no 05.09.2015. Brīvdienas / Saturday, Sunday

| 5 | 6 | 7 | 8 | 9 | 10 | 11 | 12 | 13 | 14 | 15 | 16 | 17 | 18 | 19 | 20 | 21 | 22 | 23 | — |
|---|---|---|---|---|---|---|---|---|---|---|---|---|---|---|---|---|---|---|---|
| 40 | 11 | 11 | 08 | 10 | 09 | 11 | 01 | 04 | 05 | 05 | 12 | 07 | 13 | 11 | 06 | 29 | 15 | 05 | |
| | 40 | 38 | 39 | 41 | 29 | 32 | 28 | 25 | 28 | 27 | 36 | 28 | 42 | 37 | 31 | 55 | 38 | 29 | |
| | | | 56 | | 48 | | 46 | 42 | 48 | 50 | 52 | 52 | | | 59 | | | 52 | |

전차 시간표

낙후된 소련연방에서 독립해서 아무런 산업적 기반도 없는 작고 가난한 나라 라트비아. 이런 나라에서 살기 위해 노력하는 젊은이들이 가상하

**Madara님이 작성한 내용입니다.**

*"He stayed with a friend. They were fantastic guests! we had great time and alot of interesting conversations. It was such a dilight hosting them! It was a pleasure to meet them. left the room in a perfect condition, tidy and clean. Recommended! :)))"*

숙소 주인이 올린 사용 후기

다. 오늘날 풍부한 나라에서 아무 부족한 것도 없이 자란 우리 한국의 젊은이들은 이들에 비하면 너무나 많은 축복을 받고 태어난 세대 아닐까? 좋은 일자리가 없다고 푸념하고 수저 색깔 논쟁으로 세대 간 갈등이 조장되고, 사다리가 끊겼다고 불평하는 것을 보면 사치가 아닌가 생각되기도 한다. 정치인들도 편을 갈라 표를 얻고 권력을 쟁취하는 데 혈안이 되기보다는 젊은이들이 미래를 가지고 일할 수 있는 나라를 만들어 주는 것이 정치인들이 할 일이 아닌가 생각된다.

# 4

# 러시아 상트페테르부르크

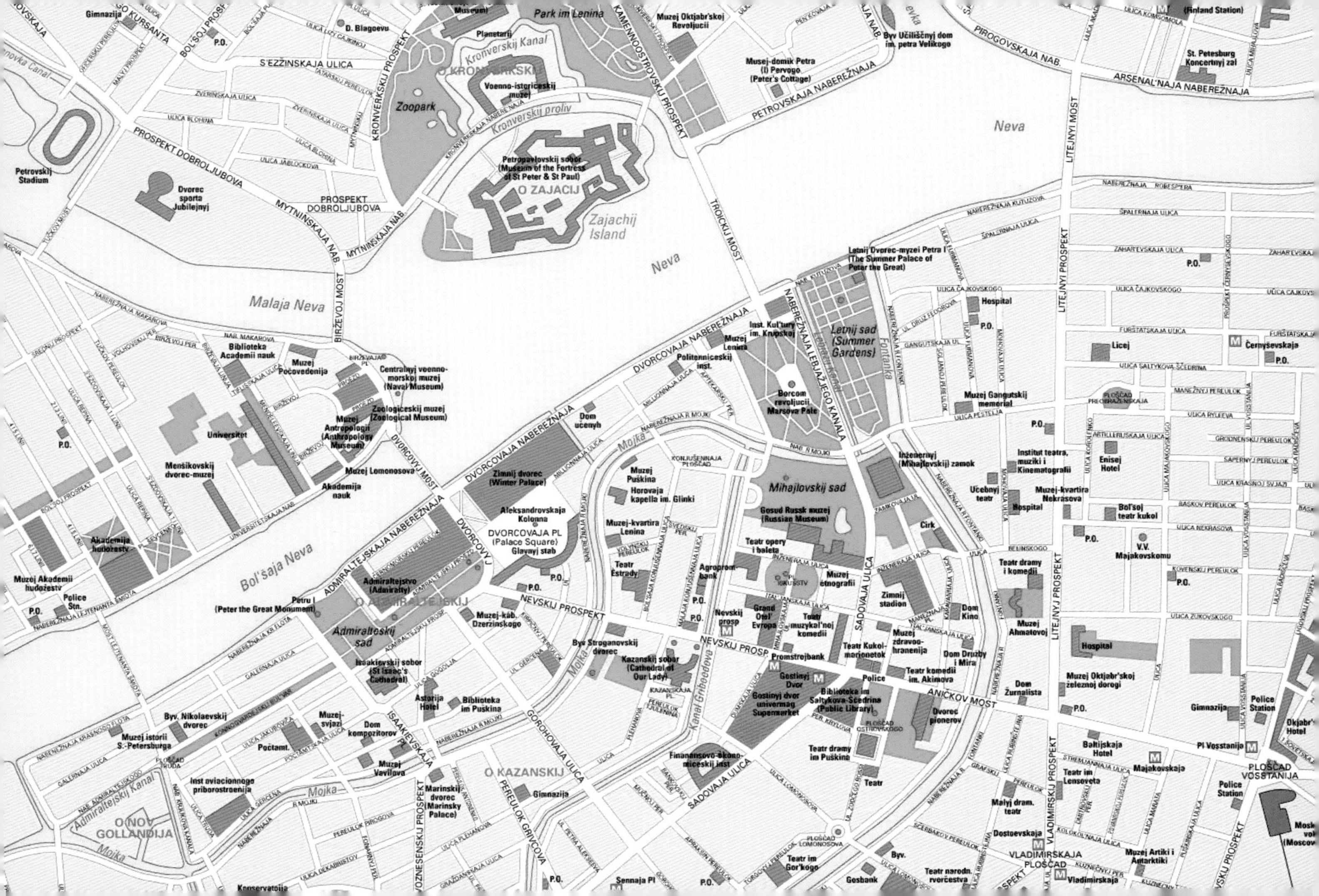

Park im Lenina
Planetarij
Kronverskij Kanal
Voenno-istoriceskij muzej
Zoopark
Kronverskij proliv
Petropavlovskij sobor (Museum of the Fortress of St Peter & St Paul)
O ZAJACIJ
Zajachij Island
Neva
Malaja Neva
Bol'šaja Neva
Fontanka
Mojka
Kanal Griboedova
Muzej Oktjabr'skoj Revoljucii
Musej-domik Petra (I) Pervogo (Peter's Cottage)
Byv Učiliščnyj dom im. petra Velikogo
PIROGOVSKAJA NAB.
ARSENAL'NAJA NABEREŽNAJA
St. Petesburg Koncertnyj zal
(Finland Station)
PETROVSKAJA NABEREŽNAJA
KAMENNOOSTROVSKIJ PROSPEKT
KRONVERKSKIJ PROSPEKT
TROICKIJ MOST
LITEJNYI MOST
LITEJNYI PROSPEKT
D. Blagoevu
S'EZŽINSKAJA ULICA
PROSPEKT DOBROLJUBOVA
MYTNINSKAJA NAB.
Petrovskij Stadium
Dvorec sporta Jubilejnyj
BIRŽEVOJ MOST
Biblioteka Academii nauk
Muzej Počovedenija
Centralnyj voenno-morskoj muzej (Naval Museum)
Zoologiceskij muzej (Zoological Museum)
Muzej Antropologii (Anthropology Museum)
Muzej Lomonosova
Akademija nauk
Universitet
Mensikovskij dvorec-muzej
Akademija hudožestv
Muzej Akademii hudožestv
Police Stn.
DVORCOVYJ MOST
DVORCOVAJA NABEREŽNAJA
ADMIRALTEJSKAJA NABEREŽNAJA
Zimnij dvorec (Winter Palace)
Aleksandrovskaja Kolonna
DVORCOVAJA PL (Palace Square)
Glavnyj stab
Admiraltejstvo (Admiralty)
Admiraltejskij sad
Petru I (Peter the Great Monument)
Isaakievskij sobor (St Isaac's Cathedral)
Astorija Hotel
Biblioteka im Puškina
Muzej-kab. Dzerzinskogo
NEVSKIJ PROSPEKT
Byv Stroganovskij dvorec
Kazanskij sobor (Cathedral of Our Lady)
Dom učenyh
Muzej Puškina
Horovaja kapella im. Glinki
Muzej-kvartira Lenina
Teatr Estrady
Agroprom-bank
Nevskij prosp
Grand Otel' Evropa
Teatr opery i baleta
Teatr muzykal'noj komedii
Muzej etnografii
Gosud Russk muzej (Russian Museum)
Mihajlovskij sad
Inženernyj (Mihajlovskij) zamok
Letnij sad (Summer Gardens)
Letnij Dvorec-myzei Petra I (The Summer Palace of Peter the Great)
Borcom revoljucii Marsovo Pole
Inst. Kul'tury im. Krupskoj
Muzej Lenina
Politenniceskij inst.
NABEREŽNAJA LEBJAŽJEGO KANALA
Promstrojbank
Gostinyj Dvor
Gostinyj dvor univermag Supermarket
Biblioteka im Saltykova-Šcedrina (Public Library)
Teatr Kukol-marionetok
Muzej zdravoo-hranenija
Zimnij stadion
Cirk
Dom Kino
Dom Druzby i Mira
Teatr komedii im. Akimova
Police
Dvorec pionerov
Teatr dramy im Puškina
Teatr
ANIČKOV MOST
SADOVAJA ULICA
Finansovo-ekono-miceskij inst
GOROHOVAJA ULICA
O KAZANSKIJ
Gimnazija
PEREULOK GRIVCOVA
VOZNESENSKIJ PROSPEKT
Marinskij dvorec (Marinsky Palace)
Muzej Vavilova
Dom kompozitorov
Muzej-svjazi
Počtamt
ISAAKIEVSKAJA
Byv. Nikolaevskij dvorec
Muzej istorii S.-Petersburga
Inst aviacionnogo priborostroenija
O NOV GOLLANDIJA
Admiraltejskij Kanal
Konservatoija
Sennaja Pl
Gosbank
Teatr im Gor'kogo
Teatr narodn. tvorčestva
Byv.
Dostoevskaja
Malyj dram. teatr
VLADIMIRSKAJA PLOŠČAD
Vladimirskaja
VLADIMIRSKIJ PROSPEKT
Muzej Artiki i Antarktiki
Dom Žurnalista
Muzej Ahmatovoj
Teatr dramy i komedii
Hospital
Muzej Oktjabr'skoj železnoj dorogi
Gimnazija
Police Station
Pl Vosstanija
PLOŠČAD VOSSTANIJA
Okjabr' Hotel
Baltijskaja Hotel
Teatr im Lensoveta
Majakovskaja
V.V. Majakovskomu
Bol'šoj teatr kukol
Muzej-kvartira Nekrasova
Učebnyj teatr
Institut teatra, muziki i Kinematografii
Enisej Hotel
Muzej Gangutskij memorial
Licej
Černyševskaja
PLOŠČAD PREOBRAŽENSKAJA
P.O.

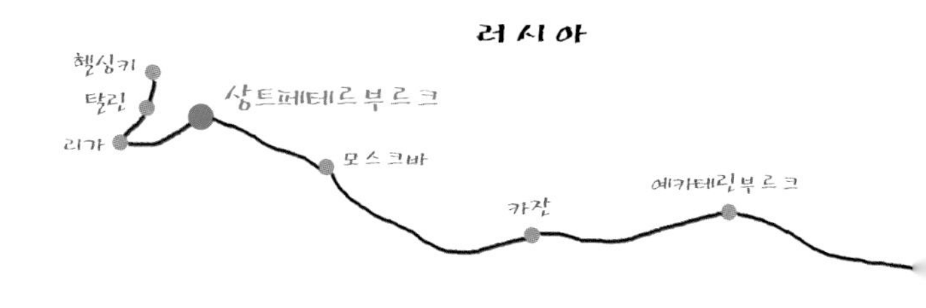


드디어 러시아다. 10,000km 시베리아 횡단 열차 여행의 시작을 상트페테르부르크에서부터 하기로 했다. 대부분 시베리아 횡단 열차 여행은 블라디보스토크에서 모스크바까지 또는 그 반대 방향으로 하지만 아예 상트페테르부르크로부터 시작해서 블라디보스토크까지 좀 더 길게 하기로 했다. 러시아의 서쪽 끝인 대서양의 발틱해에서부터 동쪽 끝인 태평양의 오호츠크해까지 가는 것이 재미있고 더 많은 것을 볼 수 있을 것 같았다. 정확하게는 모스크바에서 블라디보스토크까지 9,289km인데 모스크바에서 상트페테르부르크까지 650km를 추가하면 9,939km가 된다. 상트페테르부르크에는 6월부터 해가 지지 않는 백야 축제 기간인데다가 역사, 문화적으로 볼 것도

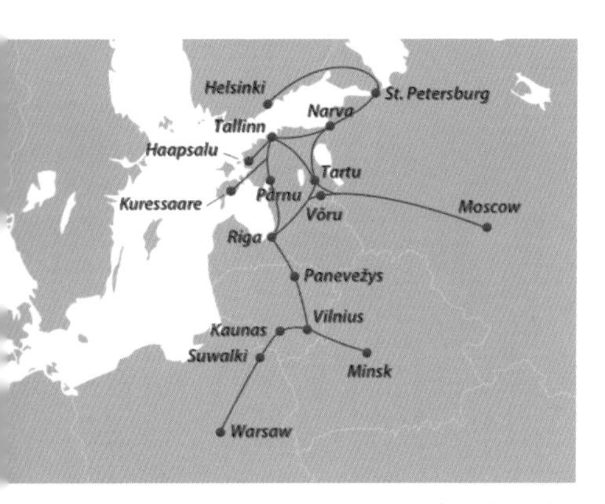


LUX 고속버스 발틱해 주변 국가 노선도

너무 많기 때문에 어느 도시보다 많은 4박 5일을 할애하기로 했다.

LUX Line 버스 내부

리가 숙소에서 시외버스장까지 걸어가서 상트페테르부르크로 가는 LUX 리무진 버스를 탔다. 요금은 35유로다. 우리 돈으로 5만 원이 안 되는 가격으로 저녁에 버스를 타면 밤새 달려서 아침에 도착하는 버스였다. 국경을 넘고 하루를 버스 안에서 잘 수 있다는 것을 감안하면 저렴한 편이다.

하루 숙박비도 절약할 수 있고 이동 요금도 항공료에 비해서 1/5 수준이니 일거양득을 한 기분이다. LUX는 발틱해를 중심으로 해서 핀란드, 폴란드, 라트비아 3국과 러시아, 벨라루스까지 운영하는 국제 노선 버스 회사이다.

버스는 리가 정류장에서 저녁 10시 45분에 출발해서 다음 날 아침 9시 30분에 상트페테르부르크 버스 정류장에 도착했다. 좌석이 한 개씩 떨어져 있어서 공간이 여유가 있는데다가 비행기의 비즈니스석 같이 편안했다. 버스는 고급스러웠고 쾌적해서 장시간을 탔어도 피로감이 별로 없었다. 혹시 국경을 넘는데 비자 문제가 걸리지 않을까 염려했는데 아무런 문제도 되지 않았다. 리가에서 상트페테르부르크까지 11시간이 걸렸다. 정류장에 도착하자마자 우선 시내 지도부터 한 장 구했다.

숙소는 넵스키 대로 중에서 여름 궁전 등 옛날 유적이 많은 쪽으로 정했다. 버스 정류장에서 철도역 쪽으로 걸어가다가 보면 넵스키 대로를 만나게 되는데 여기서 좌측으로 넵스키 대로를 쭉 따라 걸어가면 될 것 같다. 시내의 가장 중심대로인 넵스키 대로를 아침산책 겸 구경하면서 걸어는 기분이 상쾌했다.

넵스키 대로 끝에서 에르미타주로 들어가는 광장

넵스키 대로는 상트페테르부르크에서 가장 번화한 도로로 호텔, 은행 및 상가 등 상업시설이 밀집해 있다. 아침부터 바쁜 도로이다. 도로 양쪽에는 이것저것 볼 것이 많다. 은행에서 달러 일부를 러시아 루블화로 환전해서 루블화를 충분히 확보하였다.

러시아가 우크라이나를 침공하는 사태가 발생하여 미국과 서방이 러시아에 경제제재를 단행 러시아의 루블화 화폐 가치가 반으로 폭락하는 바람에 환율이 아주 좋았다. 당연 모든 물가도 1/2로 아주 저렴해 보였다. 러시아에게는 안 된 얘기지만 관광객들에게는 기분 좋은 일이 아닐 수 없다. 그래도 러시아가 대국이라 그런지 러시아 사람들은 외국인에 대해서 가격의 이중구조를 적용하지는 않는 것 같다. 중국이나 동남아 같은 데에서는 외국인에게 받는 가격과 내국인 가격이 따로 있기도 한데 러시아에서는 그런 일은 거의 없다. 숙소 부근에는 카잔 성당, 피의 성당, 겨울 궁전, 마린스키 극장과 피터 폴 요새들이 가깝게 있어 걸어 다니면서 관광하기에 아주 편했다. 숙소는 오래된 건물을 개조해서 만든 아파트로 너무 건물이 밀집하고 붙어 있어 숙소 찾기가 쉽지 않았다.

게다가 특별한 간판도 없어서 같은 건물을 몇 번 오르고 내리다가 겨우 초인종을 찾아 눌렀다. 여기가 맞다고 관리하는 아가씨가 들어오라고 한다. 직원은 영어가 거의 안 됐다. 대화가 너무 안 되어 내가 컴퓨터에 영어로 타이핑을 해주면 컴퓨터 번역기에서 러시아로 번역을 해서 의사소통을 하였다. 불어는 좀 할 줄 안다고 해서 나도 못하는 불어로 조금씩 소통을 할 수 있었다. 고등학교 때와 대학교 때 배운 불어도 쓸 데가 있었다. 고등학교 때 프랑스 사람들은 자존심이 강해서 영어로 물어보면 대답을 안 한다고 해서 언젠가 파리에 가서 불어로 길을 물어보니 영어로 물어보면 안 되겠냐고 했던 생각이 났다. 그런데 막상 여기서 불어를 사용하게 될 줄이야.

상트페테르부르크는 러시아의 피터 대제가 18세기 초기에 유럽에 비해서 낙후된 러시아를 발전시키고 유럽으로의 진출을 용이하게 하기 위해서 발틱해로 흘러 들어가는 네바 강 삼각주에 건설한 도시로서 자신의 이름과 성 베드로의 이름을 따서 상트페테르부르크라고 이름을 지었다. 강 하구의 여러 섬과 모래톱들을 연결하여 건설된 도시이기 때문에 운하도시로 발전되었다. 피터 대제가 1712년 수도를 모스크바에서 상트페테르부르크로 옮긴 후 상트페테르부르크는 러시아 공산혁명 전까지 유럽의 창으로 제정 러시아의 정치, 군사, 경제 및 문화의 중심지였다.

피터 대제는 자신의 개혁 정치를 상징하기 위해 1703년부터 네바(Neva)강 어귀에 서유럽식의 새로운 도시를 세우기 시작했는데 네바라는 단어는 핀란드어로 '늪'이란 뜻이다. 네바강 어귀의 땅은 섬들과 모래톱으로 된 황량한 땅으로 도시를 건설하기에는 매우 어려운 늪 지대였다. 누구도 이곳에 감히 도시를 세울 수 있다고 생각한 사람은 없었다. 그런데도 피터 대제는 유럽으로 진출할 수 있다는 거시적 판단 아래 대담하게도 불가능에 도전한 것이다.

이 사업에는 엄청난 노동력이 동원되었다. 해외로부터 불러들인 건설기술자들의 지휘 아래 러시아 전국에서 끌려온 목수들, 석공들 및 일반 노동자들은 매우 춥고 습한 열악한 상태에서 임금도 제대로 받지 못한 채 일을 해야 했다. 10여 년이 지난 1712년에 가서야 대체적인 새 도시의 건설이 끝났는데 이때 10만 명 정도의 노동자가 작업 도중에 죽었다는 소문이 나돌았다. 정말 어마어마한 숫자의 희생이었다. 뒷날 원성이 어느 정도 가라앉고 나서야 그 숫자는 3만 명 정도인 것으로 역사에서 전하고 있다. 이 엄청난 희생 때문에 새 도시는 "뼈

위에 세워진 도시"라는 별명을 얻기에 이르렀다. 위대한 업적이라는 것은 항상 민초들의 어마어마한 희생 위에 세워지는 것인가 하는 생각이 들었다. 중국의 만리장성도 이집트의 피라미드도 마찬가지가 아닐까 하는 생각이 들었다.

사람들은 모스크바를 러시아의 심장이라고 말하고 상트페테르부르크는 러시아의 머리라고 말한다. 푸시킨은 이 도시를 유럽으로 열린 창이라고 했다. 러시아는 이 상트페테르부르크를 통해서 유럽의 문물을 받아들였으며 주변 강대국인 스웨덴 왕국과 전쟁에서 승리하였다. 그리고 국력을 축척해서 당시 유럽의 오스트리아와 헝가리 남쪽까지 차지하고 있었던 이슬람 강대국인 오스만 터키 제국과 한판 겨룰 수 있는 힘을 비축할 수 있었다. 동쪽으로는 최강성기

넵스키 대로변에 있는 숙소 주변

에 있던 강희제의 청나라와 부딪치면서 태평양까지 진출하여 블라디보스토크에 부동항까지 획득하는 대제국을 건설하였다. 내륙의 모스크바와는 볼가강 운하를 건설하여 내륙과 유럽을 모두 물길을 통해서 관할하기 용이한 도시가 되었다. 결국 상트페테르부르크는 대제국에 걸맞은 위치로 자리 잡아 수많은 정치, 경제, 군사, 문화의 중심지 역할을 훌륭히 해냈고 수많은 역사적 유물들을 탄생시켰다. 피터 대제가 그리도 원하던 유럽에 지지 않는 러시아 제국의 꿈을 이룰 수 있게 된 것이다. 황량하기 그지없었고 척박했던 갈대밭과 늪지대가 수많은 운하의 길을 따라서 오늘날 아름답고도 찬란한 역사와 문화의 도시로 변모한 것을 보면 놀라울 따름이다. 그래서 위대한 피터 대제라는 수식어가 항상 따라다니는 러시아 최고의 황제인 모양이다.

## 넵스키 거리

넵스키 거리는 모스크바 기차역에서 겨울 궁전까지 이르는 상트페테르부르크의 가장 번화한 거리이다. 이 거리는 여름에는 전 세계에서 오는 관광객으로 가득하다. 번화한 넵스키에는 유명호텔을 비롯하여 쇼핑센터, 성당 및 각종 음식점과 커피숍 등으로 활기찬 상트페테르부르크의 보습을 한눈에 볼 수 있는 곳이다. 상트페테르부르크의 중앙역 이름이 상트페테르부르크역이 아니고 모스크바역인데 러시아에서는 출발하는 도시의 이름을 쓰지 않고 주요 종착역의 이름을 중앙역의 이름으로 쓴다는 것이다. 나중에 열차 여행 중 헷갈렸던 것은 블라디보스토크까지 오는 내내 모든 역의 열차 시간표가 전부 모스크바 표준시로만 되어 있어서 계속 물어보고 또 물어봐야만 했다. 러시아 사람들은 이미 익숙해져 있어서 아무렇지도 않은 것 같았다.

번화한 넵스키 대로

해질 무렵의 넵스키 대로

그림을 파는 길거리 풍경

길거리 연주

내가 머물렀던 아파트 건물은 아파트가 7개 정도 있는 연립주택 건물로 오래된 건물 치고는 상당히 고급스러운 아파트였다. 넵스키 거리의 옆 골목에서는 청년들이 모여 록밴드를 하면서 지나가는 관광객들을 즐겁게 해준다. 얼마 되지는 않지만 기타 케이스에 돈을 받고 있는 그들을 보면서 앞으로 한국계 러시아의 빅토르 최 밴드처럼 유명한 밴드가 되기를 기원해 본다. 해가 지기 시작하자 넵스키 거리의 조명의 톤이 황금색으로 바뀌면서 옛 건물들이 고급스러운 거리풍경을 연출해낸다. 멀리 지는 해는 백야이기 때문에 완전히 지지는 않고 곧 다시 떠오르며 밝아진다.

운하 유람선 선착장

좁은 운하도

여름 궁전과 공원 옆을 지나는 유람선

## 운하의 도시

상트페테르부르크는 운하의 도시이기도 하다. 원래 강 하구의 100여 개의 섬에 500여 개의 다리를 놓아 만든 도시로 북방의 베네치아라고도 불린다. 강하구에 세워진 도시로서 운하를 통하여 전 도시를 다 다닐 수 있도록 설계된 도시이다. 아마도 그 당시에는 질척거리는 도로보다는 운하가 대규모 물자를 운송하기에 훨씬 편리했을 것으로 생각된다. 운하를 따라서 관광 유람선으로 도시 여기저기를 어디든지 다니면서 구경할 수가 있고 또한 운하 양쪽으로 난 길을 따라서 걸으면서 이모저모 재미있는 구경을 할 수도 있다.

탁 트인 관광 유람선을 타고 안내원의 설명을 들으면서 관광하는 맛이 참 일품이다. 배를 타고 조용히 미끄러지듯 가면서 구경하는 것은 관광버스를 타고 시끄럽게 시내를 관광하는 것과는 또 다른 재미를 느낄 수 있다.

## 피터 대제

러시아의 역사에서 가장 위대한 황제인 피터 대제는 네바강 어귀 늪지대에 상트페테르부르크를 건설하여 러시아의 수도를 모스크바에서 상트페테르부르크로 옮긴 황제다. 그는 유럽의 문물을 받아들이고 낙후된 러시아를 개혁하기 위하여 유럽과 접근성이 용이한 발틱해 연안에 신도시를 건설하였다.

피터 대제
(Peter the Great, 재위 1689~1725)

누구도 그의 비전을 따를 수 없는 러시아 역사상 최고 위대한 황제이다. 피터 대제가 왕자일 때 그는 왕자의 신분을 숨기고 러시아의 경제 사절단 일원으로 유럽 견학을 했다는 일화는 너무도 유명하다. 그의 진취성과 적극성, 실용주의적 접근이 러시아를 대국으로 이끈 것이다.

로마노프 왕조의 4대 왕인 피터 대제는 산업이 일어나고 국가가 안정되자 대대적인 영토확장 정책을 실시하였다. 크리미아 반도 쪽으로 남진

정책을 한 이후에는 북진과 서진정책을 실시하여 스웨덴을 굴복시키고 발틱해를 통해 서구로 나가는 수로를 안전하게 확보하였다. 동쪽으로는 태평양 오호츠크해까지 진출하였으며 그 결과 그는 현재의 러시아 영토 대부분을 지배하는 최초의 러시아 황제가 되었다.

한편, 피터 대제는 정치적·경제적·문화적 개혁을 단행하면서 유럽과도 본격적으로 교류하기 시작하였다. 상트페테르부르크는 러시아가 외부세계로 진출하는 창구역할을 하였으며, 이곳을 통해 무역이 왕성하였다. 또한 그는 우랄산맥 일대에 철강과 군수공업을 발전시켰다. 이외에도 해군의 창설과 군의 근대화 및 행정조직 개혁 등이 피터 대제 때 이루어졌다.

피터 대제의 무덤

## 겨울 궁전

겨울 궁전(Winter Palace)은 1732년부터 1917년 러시아 공산혁명 전까지 러시아의 황제들이 살았던 장소였다. 이 건물은 역사 속에서 러시아 황제들의 궁전으로서 역할을 하였다. 세계 3대 박물관으로 일컬어지는 에르미타주 박물관이 이 궁전 내에 있어 러시아 내에서 가장 유명한 건물이다.

1762년 엘리사베타 여제 때 지은 이 궁전은 방의 개수만 1,500개가 달하는 유럽에서 가장 큰 궁전 가운데 하나이다. 다양한 장식이 특징인 궁전은 바로크식의 건물로 내외부 장식이 화려함의 극치를 보여주고 있다.

겨울 궁전 입구와 정면 광장

겨울 궁전 조감도

해질 무렵의 궁전 앞 광장

궁전 내의 화려한 계단

조각상들이 있는 화려한 복도

피터 대제에 버금가는 위대한 여황제인 예카테리나 2세는 문화적으로 서유럽 제국들에게 뒤지지 않기 위하여 수많은 미술품을 수집하였다. 그리고는 수집된 작품들을 보관하기 위하여 궁 안에 장소를 증축하여 박물관을 만들었다.

지금은 이 에르미타주 박물관이 런던의 대영 박물관, 파리의 루브르 박물관과 함께 세계 3대 박물관으로 손꼽힌다. 여기에 소장된 미술품 중에는 파리의 루브르 박물관도 소장하지 못한 희

궁전 안의 홀

화려함의 극치를 보여주는 황제의 리셉션 홀

황제가 사용하던 의자

러시아의 독수리 문장

회의실

귀하고 다양한 명 작품들이 많으며 보유하고 있는 수량도 더 많아 보인다. 러시아에서 암녹색은(Sap Green) 황제와 고귀함을 상징하는 색이다. 동로마 비잔틴 제국이 멸망한 후에 러시아의 로마노프 왕가는 자신들이 동로마를 계승한 제국이라고 주장하면서 동로미 제국의 문양인 쌍 독수리를 러시아의 상징으로 쓰고 있다. 러시아 궁전 내부의 화려함은 어느 유럽국가에서도 찾아볼 수 없을 정도로 화려하다.

## ▌예카테리나 2세

예카테리나 여제는 피터 대제의 위대한 업적 위에 정치, 군사, 문화, 예술 및 교육제도 등 모든 면에서 유럽의 강국들과 나란하게 러시아를 반석 위에 올려놓은 위대한 여제였다.

예카테리나 여제에 대해서는 여러 가지 에피소드가 많은데 예카테리나 여제는 프러시아의 소공국에서 러시아어도 못하는 상태로 17살에 러시아로 시집와서 정치에 관심도 없고 무능한 남편을 맞아 어려운 궁중생활을 했다고 한다. 본인 스스로 러시아화하기 위해서 피나는 노력을 하였으며 왕비의 자리를 공고히 한 후에는 무능한 남편을 정부를 시켜 살해하고 귀족들과 군의 지지를 받아 스스로 여제가 되어 러시아의 중흥기를 이끌었다.

여제 예카테리나 2세

예카테리나 동상과 공원

서쪽으로는 폴란드를 복속하고 남쪽으로는 오스만 터키와의 전쟁에서 흑해에 접한 크리미아 반도를 확보하였다. 예카테리나 여제는 겨울 궁전 건물에 미술관을 증축하고 수만 점의 미술품을 유럽으로부터 사들여 오늘날의 에르미타주 박물관을 세계적인 박물관으로 만드는 데 지대한 공헌을 한 예제이기도 하다. 한편으로는 프랑스의 볼테르 등 계몽 사상가들과의 교류도 활발히 하였다.

재임기간 중 결혼은 하지 않은 채로 12명의 신하들을 애인으로 두고 통치하였으며, 여성의 단점을 보완하기 위해 스스로 말을 타면서 강인한 모습을 보여줬다고 한다.

말탄 여제의 강인한 모습

동상의 말 탄 모습이 예카테리나 여제의 동상이다. 공원에 있는 예카테리나 여왕의 동상 밑에 조각되어 있는 막료들은 여왕의 충실한 정치적 동반자였고 애인들이자 부하로서의 역할을 다했다고 한다.

화려한 금 장식의 에르미타주 미술관 입구

## ▌에르미타주 박물관

러시아의 예카테리나 2세 여제가 유럽 제국에 결코 뒤지지 않는 문화를 가지고 있는 왕국임을 보여주기 위해서 겨울 궁전에 증축하여 만든 박물관이 에르미타주 박물관이다.

궁전에는 1,560여 개의 방이 있는데, 이 중 350여 개의 방에는 다빈치, 라파엘, 티티안, 고흐, 고갱, 피카소, 렘브란트, 루벤스, 미켈란젤로 등의 유명한 화가들의 그림뿐만 아니라 각종 조각품과 발굴품들 300만 점이 전시되어 있다. 반나절 계획으로 왔는데 볼 것이 너무 많아 무리임을 알게 되었다. 우선 볼 수 있는 만큼 보고 언젠가 가족들하고 다시 와야겠다고 생각했다.

잠시 앉아 휴식할 수 있는 내부의 미술관 홀

미술 교과서에서나 보던 이루 헤아릴 수 없을 정도의 미술품과 조각 작품들이 무수히 많았다.

렘브란트 작품 홀 1

렘브란트 작품 홀 2

돌아온 탕자 _렘브란트

마리아와 아기예수 _다빈치

죄수 아버지와 딸 _루벤스

회랑의 수많은 조각상들

라오콘

아프로디테(비너스)

고흐, 고갱, 마티스, 피카소 등 근대에 이르기까지의 다양한 작품이 미술관을 가득 메우고 있었다.

아침 일 나가는 농부 커플 _고흐

세 여자 _피카소

춤 _마티스

## ▌피터 폴 요새

피터 폴 요새는 피터 대제가 상트페테르부르크를 방어하기 위해서 세운 성채로 별 모양의 다각형을 가진 독특한 모양으로 발틱해로부터 오는 적을 어느 방향에서도 감시할 수 있으며, 막도록 요새화된 성채이다. 어느 유럽 국가에서도 볼 수 없는 피터 대제의 창의성이 돋보이는 요새 형태이다. 성채 안에는 세인트 폴 성당과 피터 대제의 동상이 있다.

피터 폴 요새

피터 & 폴 성당　피터의 앉은 동상

요새에 비치되어
있는 대포들

요새 밖에서
선탠을 즐기는
사람들

이삭 성당

## ▍이삭 성당

1818년에 공사를 시작하여 1858년에야 완공했다. 러시아에서 가장 큰 성당으로 공사기간만 장장 40년이 걸렸다. 공사에 동원된 사람도 50만여 명이라고 한다.

이삭 성당은 64~114톤에 이르는 72개의 거대한 원형의 대리석 기둥이 둘러싸고 있다. 성당은 1만 4천 명을 수용할 수 있는 규모이다. 황금 돔을 만드는 데에는 100kg 이상의 금이 들어갔다고 하며 도시의 랜드마크 역할을 하고 있다. 성당 밑에는 2만 4,000개의 말뚝이 막혀 있다고 하는데, 그 이유는 원래 이곳이 늪지대였기 때문에 기초를 다지기 위하여 말뚝을 박았다고 한다.

화려한 성당의 돔

화려한 성당 내부

성당의 화려한 천장 장식들

관광객으로 붐비는 이삭 성당 관망대

웅장한 이삭 성당의 기둥들

사원 안에는 저명한 22명의 화가들이 참여하여 완성한 103점의 벽화와 52점의 캔버스 그림이 있다. 전망대가 설치되어 있어 상트페테르부르크 시내를 한눈에 볼 수 있다.

성당 내부의 거대한 돔과 화려한 장식들과 벽화는 감탄을 자아내기에 충분하다.

## ▌카잔 성당

1811년에 완공된 카잔 성당은 바티칸의 성 베드로 사원을 본떠서 만든 사원으로 높이가 무려 72m에 달하는 거대한 성당이다. 원래 성모 마리아 성당이 있던 것을 대체하기 위하여 지은 건축물로 러시아 공산혁명 이후에는 "종교와 무신론" 박물관으로 사용되다가 소련연방 해체 후에는 상트페테르부르크의 모체 성당으로 사용되고 있다. 특히 ≪카잔의 마리아 상(Our lady of Kazan)≫이 유명하다.

카잔 성당

나폴레옹을 패퇴시킨 Kuzunov 장군

카잔 성당의 내부

성당이 완성된 후 러시아는 나폴레옹 전쟁에서 승리를 거두었는데, 성당 안에는 프랑스군에게서 빼앗은 107개의 군기와 승리의 트로피 등이 걸려 있다. 거대한 규모로 인하여 도시의 랜드마크가 되었고 러시아의 최초의 대정부 시위도 여기서 일어났다. 헬싱키 남항에 있는 대성당의 모델도 여기서 따왔다고 한다.

부활의 성당 일명 '피의 사원'

## ▌핏물 위에 세워진 구원의 교회

그리스도 부활의 성당 일명 '피의 사원'은 1907년 러시아의 군주 정치체제를 프랑스식의 공화제 정치체제 형태로 개혁하자는 데카브리스트 당원들에 의하여 살해당한 알렉산더 2세 황제를 기리기 위하여 세워진 성당이다. 이 장소가 알렉산더 황제가 피를 흘린 장소여서 피의 사원이라고 한다. 외관이 정교하고 아름다우며 내부 또한 화려함의 극치를 보여주는 벽화로 유명하다. 19세기 말 유럽에서 무너져가는 왕정에 대한 두려움으로 정치개혁에 소극적이었고 공포 정치를 하였던 알렉산드르 2세가 7번의 폭탄 테러 끝에 피 흘리며 쓰러진 곳에 세워진 성당이다. 데카브리스트 운동은 러시아 최초의 근대적 혁명이다.

화려한 내부의 천장 벽화

아름다움의 극치를 보여주는 성당 내부

손자인 니콜라이 2세는 24년간이나 걸려 이 사원을 지었으며, 니콜라이 2세는 이 화려한 성당과 같은 건물을 다른 곳에서는 다시 지을 수 없도록 하기 위해 이 교회를 지은 건축가의 눈을 뽑아버렸다고도 한다.

## ▎푸시킨 공원

"삶이 그대를 속일지라도
슬퍼하거나 노여워하지 말라
슬픈 날을 참고 견디면
즐거운 날이 오리니
마음은 앞날에 살고
지금은 언제나 슬픈 것
모든 것은 덧없이 사라지고
지나간 것은 또 그리워지나니"

푸시킨 공원

많은 사람들에게 널리 알려져 있는 이 주옥같은 시는 때로 괴로울 때 읽을수록 우리 마음을 편하게 하는 것 같다. 이 시는 삶이 우리에게 안겨주는 슬픔과 우울함을 담담하게 인내하라고 당부한다. 시간은 흘러가는 것이고, 그렇게 시간이 흘러가면 내 삶과 함께 해왔던 고통은 옅어질 수 있고, 현재의 어려움은 일생 중 시간이 주는 그늘과 주름에 불과하다는 것. 푸시킨은 러시아의 국민 시인, 러시아 문학의 아버지로 추앙받는 러시아 문학의 거장이다. 외무성의 관리로 시작하여 시인이 된 후로 "대위의 딸" 등 여러 편의 소설도 남겼다.

불행하게도 푸시킨은 젊은 나이에 자신의 부인을 짝사랑하던 궁중 장교와 결투를 벌여 몸에 입은 총상으로 사망하고 말았다.

푸시킨 공원에서의 연주회

푸시킨 동상 공원에서는 화창한 날씨 유치원생들의 바이올린 연주가 한창이다. 푸시킨의 시정이 흐르는 공원에서 러시아인들의 비록 현대적인 물질은 풍부하지는 않지만 예술을 사랑하는 마음을 엿볼 수 있었다.

러시아 주요 도시를 여행하는 동안 푸시킨 동상을 여기저기에서 볼 수 있었는데 러시아 사람들이 푸시킨을 얼마나 사랑하는지를 짐작할 수 있다. 그가 가진 인생에 대한 심오한 통찰력과 담담하면서도 낭만적인 메시지가 매력이 넘친다고나 할까? 어려운 가운데 인내하며 굳세게 살아가는 평범한 사람들에게 희망과 위안을 주는 낭만적이고도 낙천적인 작가여서 러시아 사람들에게 그 많은 사랑을 받는 것이 아닌가 생각된다.

푸시킨 공원에서 자원봉사를 하는 할머니가 서툰 영어로 어디서 왔느냐고 물어보면서 푸시킨에 대해서 설명을 해준다. 러시아의 독재적인 정치체제와는 정반대로 사람들은 정이 많고 친절하고 여유가 많다. 러시아는 서양이라고 하기보다는 차라리 동양이라고 해야 될 것 같다.

친절한 관광안내 자원봉사자

## 톨스토이의 집

러시아에서 가장 위대한 작가 톨스토이의 거리와 집이다. 톨스토이는 1880년경 전후로 이 저택에서 불후의 명작인 〈전쟁과 평화〉, 〈안나 카레니나〉를 집필했다.

후기에는 종교에 귀의하면서 화려하고 미적 쾌락을 추구했던 자신의 전기 작품들과는 달리 후기 작품들에는 종교적인 색채가 짙다. 그중 가장 대표작이 여주인공 카츄사가 나오는 〈부활〉이다. 이 밖에도 〈카자크 사람들〉, 〈사람은 무엇으로 사는가〉, 〈이반 일리치의 죽음〉, 〈크로이체르 소나타〉, 〈참회록〉이 있고 그 외에도 많은 작품들을 남겼다.

톨스토이의 거리가 시작되는 입구

톨스토이의 집과 주변

코너에서 본 톨스토이 기념관

톨스토이 기념관

톨스토이의 집이 있는 거리는 여름 축제 준비로 한창 바빴으며, 모레부터는 톨스토이 축제가 시작된다고 사람들이 들떠 있었다. 축제 직전이긴 하지만 준비하는 모습들만 봐도 톨스토이 축제가 굉장히 멋질 것으로 기대가 된다. 톨스토이의 집은 여러 가지 소설에 나오는 대화의 주요 부분을 각 창문에 부착하여 관광객들에게 보여주고 있다. 마치 봉평의 이효석 기념관에 가면 소설 〈메밀꽃 필 무렵〉의 주요 부분을 내용 순서에 따라 붙여 놓은 것과 같았다.

영국 사람들이 셰익스피어를 사랑하듯 러시아 사람들도 톨스토이를 그 어느 것과도 바꿀 수 없는 보물로 여기고 있으리라.

## ▌도스토옙스키의 집

도스토옙스키의 집

도스토옙스키 동상

톨스토이의 기념관에서 500미터 정도 지나 운하 다리를 건너면 〈죄와 벌〉, 〈카라마조프가의 형제들〉 소설의 무대가 된 도스토옙스키의 집이 있는 동네가 거의 옛 모습 그대로 있다. 그는 톨스토이와 함께 러시아가 자랑하는 최고의 문호이다.

소설 〈죄와 벌〉과 〈카라마조프가의 형제들〉의 무대가 된 도스토옙스키 집 동네에 온 것이다. 거리에는 〈죄와 벌〉의 주인공 라스콜리니코프의 집도 있었다. 고등학교 때 밤새워 읽었던 소설들의 무대가 되었던 그 동네에 와서 그들의 집을 볼 수 있다니 정말 흥분을 감출 수가 없었다.

소설 〈죄와 벌〉의 무대가 되었던 동네

〈죄와 벌〉에 나오는 주인공의 모델이 된 라스콜리니코프가 살던 집 앞에는 그가 살던 집이라는 표지석이 붙어 있으며, 라스콜리니코프의 집 주변에는 소냐 집이 있고 이 부근 전체가 〈죄와 벌〉 소설의 배경이 된 동네이다.

라스콜리니코프가 살던 집

표지석

## 마린스키 극장

상트페테르부르크 하면 문화와 예술을 꼽지 않을 수 없는데 그중에서도 오페라, 연극과 발레는 단연 으뜸이다. 마린스키 극장에서는 우리가 어릴 때부터 들어왔던 명작 연극들과 발레들을 끊임없이 공연하고 있었다.

마린스키 극장

마린스키 극장의 야경

이 극장은 알렉산드르 2세의 지시에 따라 19세기에 지어진 극장으로 황제의 상징인 녹색 빛을 띤 웅장한 외관을 가지고 있으며 1,625석 규모의 대극장이다. 좌석 사이로 들어서면 호화로운 하늘색, 금빛, 크리스탈 벽 장식으로 그 화려함에 감탄을 금치 못한다. 연한 푸른색과 짙은 푸른색을 띤 벽과 벨벳 의자들, 커튼 등을 배경으로 들어선 훌륭한 주물 장식과 설화 석고로 만든 조각상들은 마린스키 극장의 극치이다.

마린스키 극장 무대

최근 이 마린스키 극장 연해주관이 우리나라와도 가까운 극동의 블라디보스토크에 현대식으로 새롭게 개관해서 상트페테르부르크에서 볼 수 있었던 명작들을 가까운 데서도 볼 수 있게 되었다.

진화해 가는 모습의 발레

내년 여름에는 가족과 함께 블라디보스토크에도 있는 마린스키 극장에 가서 유명한 연극과 발레들을 꼭 한번 보고 싶다.

이런 멋진 극장이 우리나라 가까이 1시간 거리에 있다는 것은 정말 행운이 아닐 수 없다.

## ▌러시아 토속 음식점

에르미타주 미술관을 나오니 문득 허기가 몰려왔다. 카잔 성당 건너편 넵스키 거리에 있는 이 러시아 전통 음식점은 꽃무늬의 궁정 전통 드레스를 입은 아가씨들이 서빙하면서 우아한 궁정 분위기를 느낄 수 있게 꾸며 놓아 좋았다.

숙소 근처이기도 해서 미리 봐두었다가 숙소로 돌아오면서 토속 음식점으로 향했다. 사슴고기를 곁들인 포도주는 일품이었다. 감잣국과 신선한 샐러드는 우리 입맛에 딱이다.

넵스키 거리의 러시아 전통 음식점

전통 사슴고기와 와인

러시아의 전통 복장을 입고 서빙 중인 직원들

샐러드에 맥주까지 즐기는 행복한 시간

## 음식점에서 만난 우즈베키스탄인 알리와 물담배

한국을 떠난 지도 거의 열흘째가 되어간다. 모처럼 김치와 된장찌개 생각이 나서 한국 음식점을 찾아보았다. 발 빠른 한국 사람들이 여기 상트페테르부르크까지 진출해서 이미 몇 개의 한국 음식점이 있다. 마침 숙소에서 가까운 카잔 성당의 뒤쪽에도 제법 큰 한국 식당이 있어서 그쪽으로 가보기로 했다. 한국인이 주인이라고 하는데 상당히 성공한 식당이라고 한다. 식당은 제법 잘되는 것 같았다. 관광시즌이라 찾는 한국인들이 많았고 현지인들도 와서 한국음식들을 즐기는 것 같았다.

서빙하는 알리라는 청년이 제법 한국말을 잘한다. 어찌된 것이지 물어보니 경기도 평택에서 2년 동안이나 일을 한 적이 있고, 현대 자동차에서도 일을 한 경험도 있다고 한다. 지금은 상트페테르부르크에서 일을 하고 있다는 것이다. 저녁 늦은 시간이라 손님이 많지 않아 이것저것 물어보았다.

우즈베키스탄에서는 살기가 힘들어 한국과 러시아에서 일하고 있다고 했다. 아무래도 러시아에서는 벌이가 한국에서의 1/2밖에 되지 않아 한국에 다시 가서 일하고 싶다고 한다. 얼마 전에는 우즈벡에 있던 아내와 아이 둘을 데리고 와서 같이 살고 있다고 한다. 식사를 하고 나서 저녁에 바에 가서 한잔하고 싶은데 혼자 가기에는 러시아 치안 상태가 어떨지 몰라서 알리를 데리고 가는 것이 좋을 것 같았다. 식당이 끝나는 저녁 10시에 나와서 넵스키 뒷골목에 가서 간단하게 한잔하자고 했다. 알리는 한국에서 오랫동안 일한 적이 있어 한국 사람들의 습관을 잘 아는 듯했다.

우즈베키스탄 출신의 알리

알리의 고향은 아랍권과 동양권을 잇는 실크로드 선상에 있는 국가인 우즈베키스탄의 사마르칸트라 한다. 사마르칸트는 실크로드에서 가장 핵심이 되는 여러 가지 유서 깊은 세계적인 문화유산을 많이 가지고 있는 도시이다. 14세기에는 칭기즈칸의 후예라고 하는 티무르제국의 수도였는데 티무르제국은 지금의 이란과 터키 인도의 북부까지 아울렀던 거대한 제국이었다.

알리는 지금 돈을 모아서 고향에 집도 짓고 있고 여러 가지 꿈도 많은 청년이다. 저녁에 카잔 성당 뒷골목에 있는 바에 가서 술도 한잔하고 구경도 하였다. 어디가 우범 지역인지 모르던 탓에 알리와 같이 와서 안심이 되었다.

바에서 맥주와 칵테일 몇 잔 한 후 넵스키 거리로 나와서 걷고 있는데 아랍 물담배를 피우는 곳이 러시아에도 있어서 신기했다. 바그다드 근무시절에 물담배를 피워 보았던 생각이 나서 한번 피워 보기로 했다. 일반담배보다도 약한데 맛은 잘 모르겠다. 여러 가지 향도 물에 풀어서 피기도 하기 때문에 일반담배보다는 순하다. 어쩌면 아랍권의 오랜 전통에 따라 어른들이 관습적으로 어른이라는 표시를 하기 위한 의식이 아닐까 하는 생각도 들었다.

Hookah 물담배 레스토랑

알리는 우즈베키스탄 체리가 세계적으로 맛이 있고 유명하다고 자랑했다. 언젠가 우즈베키스탄에 꼭 가보고 싶은 생각이 들었다. 사마르칸트에는 고구려 사신이 벽화에 그려져 있는 아프로시압 박물관이 유명한데 고구려 사신 벽화도 구경하고 맛있는 체리도 먹어보고 싶다. 벽화 복원에는 우리나라가 자금을 지원했다고도 한다.

러시아에 물담배 레스토랑이 많이 있는 것은 아마도 구소련 시절 소련의 일부였던 카자흐스탄, 우즈베키스탄 등 터키 계통과 아랍 계통의 주민들이 대도시에 들어와 살았기 때문인 것 같다. 알리도 물담배를 즐기는 것 같았다.

# 5

# 모스크바로

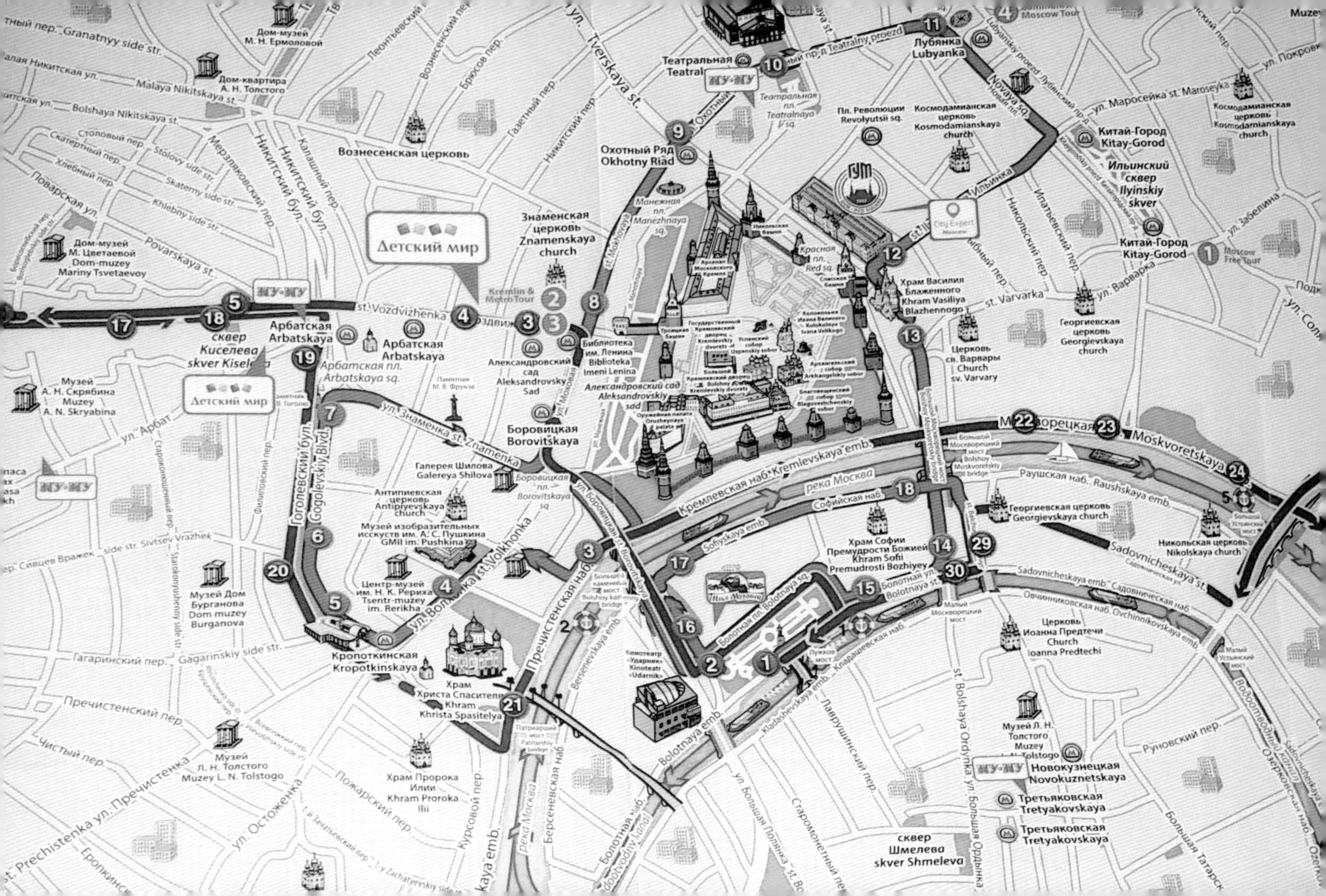

Лубянка
Lubyanka
Театральная
Teatral
Театральная пл.
Teatralnaya sq.
Пл. Революции
Revolyutsii sq.
Космодамианская церковь
Kosmodamianskaya church
Китай-Город
Kitay-Gorod
Ильинский сквер
Ilyinskiy skver
Moscow Free Tour
Moscow Tour
Охотный Ряд
Okhotny Riad
Манежная пл.
Manezhnaya sq.
ГУМ
City Expert
Красная пл.
Red sq.
Храм Василия Блаженного
Khram Vasiliya Blazhennogo
Георгиевская церковь
Georgievskaya church
Церковь св. Варвары
Church sv. Varvary
st. Varvarka
ул. Варварка
ул. Маросейка st. Maroseyka
ул. Покровка
Tverskaya st.
Вознесенская церковь
Знаменская церковь
Znamenskaya church
Детский мир
Kremlin & Metro Tour
st. Vozdvizhenka
st. Mokhovaya
Библиотека им. Ленина
Biblioteka imeni Lenina
Александровский сад
Aleksandrovsky Sad
Арбатская
Arbatskaya
Арбатская пл.
Arbatskaya sq.
сквер Киселева
skver Kiseleva
Дом-музей М. Н. Ермоловой
Дом-квартира А. Н. Толстого
Дом-музей М. Цветаевой
Dom-muzey Mariny Tsvetaevoy
Музей А. Н. Скрябина
Muzey A. N. Skryabina
Боровицкая
Borovitskaya
Боровицкая пл.
Borovitskaya sq.
ул. Знаменка st. Znamenka
Галерея Шилова
Galereya Shilova
Антипиевская церковь
Antipiyevskaya church
Музей изобразительных искусств им. А. С. Пушкина
GMII im. Pushkina
Центр-музей им. Н. К. Рериха
Tsentr-muzey im. Rerikha
ул. Волхонка st. Volkhonka
Гоголевский бул.
Gogolevskiy Blvd.
Кропоткинская
Kropotkinskaya
Храм Христа Спасителя
Khram Khrista Spasitelya
Музей Дом Бурганова
Dom muzey Burganova
Музей Л. Н. Толстого
Muzey L. N. Tolstogo
Храм Пророка Илии
Khram Proroka Ilii
ул. Арбат
ул. Пречистенка
st. Prechistenka
ул. Остоженка
Пречистенская наб.
Берсеневская наб.
Bersenevskaya emb.
Патриарший мост
Patriarshy bridge
Большой каменный мост
Bolshoy kamenny bridge
ул. Боровицкая
Кремлевская наб.
Kremlevskaya emb.
река Москва
Софийская наб.
Sofiyskaya emb.
Храм Софии Премудрости Божией
Khram Sofii Premudrosti Bozhiyey
Болотная пл.
Bolotnaya sq.
Болотная ул.
Bolotnaya st.
Bolotnaya emb.
Кинотеатр «Ударник»
Kinoteatr «Udarnik»
Лужков мост
Кадашевская наб.
Kadashevskaya emb.
Москворецкая
Moskvoretskaya
Большой Москворецкий мост
Bolshoy Moskvoretskiy bridge
Раушская наб.
Raushskaya emb.
Георгиевская церковь
Georgievskaya church
Никольская церковь
Nikolskaya church
Sadovnicheskaya st.
Sadovnicheskaya emb.
Садовническая наб.
Овчинниковская наб.
Ovchinnikovskaya emb.
Малый Москворецкий мост
Церковь Иоанна Предтечи
Church Ioanna Predtechi
Малый Устьинский мост
Водоотводный канал
Озерковская наб.
st. Bolshaya Ordynka
ул. Большая Ордынка
Музей Л. Н. Толстого
Новокузнецкая
Novokuznetskaya
Третьяковская
Tretyakovskaya
сквер Шмелева
skver Shmeleva
Лаврушинский пер.
Старомонетный пер.
ул. Большая Полянка
Большая Татарская
Руновский пер.
Мерзляковский пер.
Никитский бул.
Калашный пер.
Поварская ул.
Povarskaya st.
Malaya Nikitskaya st.
Bolshaya Nikitskaya st.
Granatnyy side str.
Gagarinskiy side str.
Пречистенский пер.
Чистый пер.
Пожарский пер.
Курсовой пер.
Филипповский пер.
Староконюшенный пер.

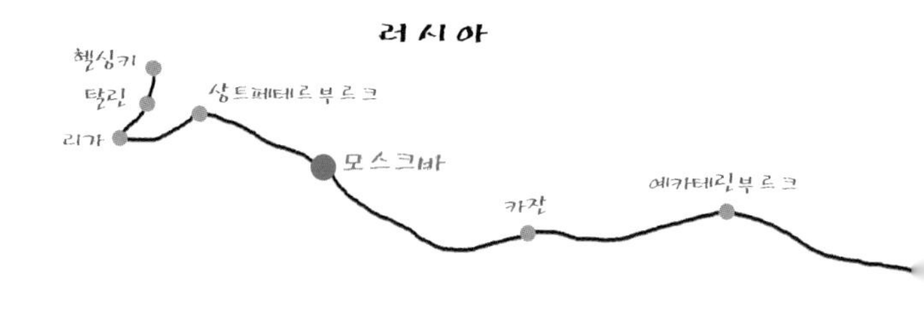


볼 것과 즐길 것이 너무 많은 상트페테르부르크를 4박 5일에 전부 본다는 것은 무리였다. 여행 일정 중 가장 많은 기간을 할애했음에도 불구하고 더 많이 보지 못해서 아쉬웠다. 다음에 가족들하고 다시 올 것을 다짐하면서 모스크바로 출발하였다. 상트페테르부르크에서는 삽산 고속열차를 탔다. 3시간 30분 정도 걸렸는데 우리나라의 KTX처럼 시속 250킬로 이상 달리는 열차다. 80달러 정도로 약간 비싼 편이기는 했지만 빠르고 쾌적하였다.

삽산(SAPSAN) 고속열차

독일의 지멘스와 기술도입 계약으로 들여온 러시아 최초

깔끔한 삽산 열차 내

의 고속열차이다. 모스크바에 비행기로 가려면 공항에 가고 수속하고 다시 도착해서 시내로 들어와야 하고 하는 시간까지 계산하면 5시간 이상 걸린다. 그 시간이면 시내 중심에 있는 고속철을 타면 번거롭지 않게 모스크바에 갈 수 있기 때문에 인기가 많다. 항공사와 경쟁하게 되니 서비스도 좋다. 좌석은 넓었고 탁자에는 꽃도 놓여 있었다. 게다가 간단한 스낵과 음료까지 서비스로 제공되었다.

## SOVIETSKY LEGENDARY HOTEL

모스크바에서는 시내 외각에 지하철이 닿는 곳으로 숙소를 정했다. 역에서 호텔까지는 걸어갔는데 지도에서 개략적으로 본 거리와는 차이가 나서 2시간 이상을 걸었다. 중간에 쉬고 밥도 먹을 겸 케밥 집에 들어갔더니 중앙아시아에서 온 사람들이 운영하는 식당이었다. '살라마리꿈' 하고 아랍어로 인사를 하니 주인과 종업원들이 무척 반가워했다. 아마도 구소련 시절에 소련에 속했던 연방국 사람들이 와서 사업을 하는 것 같았다. 맛은 옛날 바그다드에서 먹던 맛과 다름이 없었다. 중간에 전철을 탈 까도 생각했는데 어차피 구경삼아 걷는

전설적인 소비에스키 호텔

호텔을 방문했던
세계의 유명 인사들

하프 연주 소리가 울려 퍼지는 웅장한 홀 내부

것이 좋을 것 같아 걸어서 도착했다.

호텔의 이름이 "Sovietsky Legendary Hotel"이다. 호텔의 이름처럼 전설적인 이 숙소는 우리나라의 조선호텔처럼 모스크바에서는 역사가 아주 깊은 호텔이다. 규모도 상당히 컸고 마치 궁정 같은 분위기의 인테리어로 지금은 낡은 듯 하지만 옛날에는 상당히 고급 호텔이었다는 것을 알 수가 있다.

고급스런
호텔 야외의 분수

대회의실

로비에는 이 호텔에 다녀간 외국의 정상들과 유명인사들의 사진이 붙어 있었는데 모두가 대단한 인물들이어서 깜짝 놀랐다. 로비에서는 하프 연주자가 하프를 연주하고 있었는데 하프 소리가 호텔 로비 전체로 울려 퍼지며 전설적인 호텔의 품격을 한층 올려 주는 것 같았다.

로비에 있는 식당과 커피숍도 크고 깔끔해서 편안한 느낌을 줬다. 호텔 자체도 관광 포인트 중의 하나가 될 만한 여러 가지 요소를 갖추고 있었다. 젊었을 때의 스탈린, 동유럽이 붕괴되어 민주화될 때 민중에 의해서 처형된 루마니아의 독재자 차우셰스쿠, 인도의 인디라 간디, 스페인의 국왕 후안 카를로스, 영국의 아데나워 수상, 러시아 서기장 브레즈네프, 영국 철의 수상 마가렛 대처, 프랑스의 디자이너 피에르 가르뎅, 미국 영화배우 아놀드 슈왈제네거와 척 노리스 등 세계 각국의 수많은 유명 인사들이 머물고 갔다 하니 놀라웠다.

이 호텔이 전설적이라는 이름이 붙은 이유를 알 것 같다. 호텔의 직원이 벽에 붙어 있는 유명인사들을 하나하나 설명해주고 자청해서 사진까지 찍어 주며 친절하게 대해 주었다. 투박하다고 생각했던 모스크바 사람들하고는 거리가 멀었다.

## 크레믈린 광장과 크레믈린 궁 내부

크레믈린 광장 입구

화창한 크레믈린 광장

드디어 뉴스에서만 보아왔던 크레믈린 광장이다. 광장 입구에 들어서니 관광객들이 가득했다. 크레믈린 관광은 크게 광장과 궁 내부로 나누어 생각해 볼 수 있다. 크레믈린 광장에는 광장과 레닌묘, 성 바실리 사원, 명품 백화점 GUM이 있고 크레믈린 궁 내부에는 박물관, 크레믈린 대궁전, 연주홀과 대통령 집무실이 있다. 크레믈린 광장에 대해서는 광장에서 군대열병식이나 하는 음침한 정치의 장소라는 선입견을 가지고 있었는데 막상 와 보니 전혀 다른 이미지였다. 광장에는 동화에서나 나올 것 같은 건물 형태의 바실리 대성당이 있다. 이 성당은 폭군 이반 4세가 1552년에 몽골 계승국인 카잔 칸국에게 승리한 것을 기념하여 세운 것이다. 러시아는 13세기 초부터 약 300여 년간에 걸친 몽골의 지배를 받아왔는데 이로부터 벗어난 것이다. 러시아는 오랜 기간 몽골의 지배를 받은 여파로 러시아의 생활과 문화의 상당 부분이 동양적 색채를 띠는 이유이기도 하다.

이 바실 대성당은 그리스 정교 사원으로 가장 러시아적이면서도 특색 있는 건축물로 유럽에서는 찾아볼 수 없는 형태이다. 높낮이와 모양이 서로 다른 아홉 개의 양파 모양 지붕으로 구성되어 있다. 낮과 밤의 아름다움을 비교해 보기 위해서 저녁식사 후에 다시 와본 야경은 정말 멋진 풍경이었다. 일설에 의하면 영국의 엘리자베스 1세가 영국에도 바실 대성당처럼 아름다운 건물을 짓고 싶어 러시아 황제 이반 4세에게 기술자를 보내 달라는 요청을 했었다는 일화도 있다. 그러나 러시아의 이반 4세는 자신의 청혼을 거절한 바가 있는 영국 여왕에게 그러한 요청을 들어주지 않았다고 한다.

바실 성당은 오늘날 러시아를 상징하는 랜드마크로 전 세계인들에게 각인되어 있다. 어릴 때부터 언젠가 꼭 가보고 싶은 그러한 건축물이었다. 이러한 건물이 소련 공산당 시절에는 광장의 교통체증을 유발한다는 이유로 헐릴뻔했다니 끔찍한 일이 아닐 수 없다. 바실 성당의 건축을 명령한 러시아의 황제 이반

바실 대성당의 독특한 양파형 지붕

성당의 야경

공포의 이반 4세

이반 4세가 때려 죽인 아들을 끌어안고 있는 그림

4세는 말년에 큰 아들을 때려죽이고 권력을 위협하는 수많은 친족들을 살해한 일로 인하여 "Ivan the Terrible"로 알려져 있는데 서양의 동화에도 악독한 공포의 황제로 많이 나온다.

그는 몽골 후예인 카잔 칸국과 전쟁을 승리로 이끌고 모스크바 공국을 몽골의 지배로부터 벗어나 위대한 러시아 제국을 탄생시킨 업적을 가진 왕이기도 하다. 스스로 러시아 최초로 '차르'라고 하는 황제 칭호를 붙였고 동로마를 계승하는 제국이라고 선언하였고, 근세 레닌 공산혁명이 이르기까지 존재했던 로마노프 왕가의 기반이 된 황제이기도 하다.
이반 황제를 보면서 조선시대 인조 때의 소현세자, 영조 때의 사도세자가 생각이 났다. 동서고금을 막론하고 권력은 부자간에도 나눌 수 없는 것 같다. 큰아들이 말을 듣지 않는다고 흥분해서 지팡이로 때리고 난 후 아들이 피투성이가 되어 죽자 부둥켜안고 우는 이반 4세의 그림이 있다. 그는 말년에 끊임없이 주변을 의심했고 분노를 조절할 수 없는 상태가 되었다 한다.

## 크레믈린 광장의 레닌 묘

광장 가운데 크레믈린 성벽에 붙어 있는 고구려 장군총처럼 생긴 석조물이 레닌 묘이다. 칼 마르크스 공산주의 이론을 체계화시켜 혁명으로 러시아의 왕정을 무너트리고 프롤레타리아의 독재 국가 소련을 세운 레닌의 묘이다. 그는 몽골 계승국이었던 카잔 칸국의 타타르족 후예로 타타르스탄의 작은 마을에서 태어났다. 황제의 봉건제도 타파 운동을 하던 형이 붙잡혀 사형을 당하자 본인도 반체제 운동에 가담하였다가 카잔 대학에서 퇴학당한 후 유럽을 전전하며 칼 마르크스에 심취하게 된다.

그럴듯하지만 인류 역사상 한 번도 실험해본 바 없고 이론에만 그치던 공산주의 이념을 어떻게 자기 확신을 가지고 체계화시켜 실행에 옮겨 공산주의 국가를

◂ 공산혁명을 주도한 레닌
▾ 크레믈린 광장에 있는 레닌 묘

만들었는지 신기하다. 당시 러시아의 혹독한 봉건제도 하에서는 있는 자와 없는 자들이 평등하게 사는 것이 꿈과 이상이 될 수 있을 것 같은 생각도 들었다. 광장 한쪽 담벼락 밑에 있어서 눈에 잘 띄지가 않았고 사람들도 그 앞을 무심코 지나간다. 부르주아와 프롤레타리아로 사람들을 편가르고 노동자들을 일깨워준 사람. 국제 공산주의 단체를 만들어 세계를 자본주의와 공산주의로 양분해 대립을 주도했던 사람. 그러나 지금까지 바이러스처럼 퍼진 이 공산주의 이념으로 죽은 사람이 1억 명이 넘을 것이라는 추산도 있는데 그가 한 일이 과연 위대한 업적인지 위대한 실수였는지는 아직도 잘 모르겠다.

레닌은 본인이 죽으면 어머니 곁에 묻어 달라고 유언을 남겼다. 그러나 스탈린은 레닌이 죽자 그의 시신을 방부 처리하여 일반인들이 볼 수 있도록 하였다. 공산주의 이론을 체계화했고 실천한 그가 없으면 스탈린의 지위와 소련 공산당 혁명의 계속성이 흔들릴 것을 우려해서 매장을 하지 않고 사람들이 볼 수 있도록 한 것이다. 그가 잠들지 못하고 있는 이유이다.

러시아가 민주화되고 다당제가 되면서 레닌 무덤의 이전을 주장하고 있지만 아직 남아 있는 공산당들이 옛날의 향수로 인하여 레닌을 매장한다는 것을 반대하고 있다는 것이다. 이제 러시아에서는 레닌도 자신의 무덤을 가질 수 있도록 해줘야 한다고 사람들은 말한다. 그의 위대한 실험은 끝났다. 적어도 인간의 번영이란 인간 개개인의 존중, 자유로운 사고와 경쟁, 사유재산의 존중이라는 기본적인 속성 하에서 발전할 수 있다는 것을 오늘날 보여주고 있다.

## 광장의 고급 GUM 백화점

고급스런 내부에
SAMSUNG의 표시가 선명하다

광장의 건너편에는 GUM이라는 고급스런 백화점이 있다. 화려한 궁 같은 백화점에는 세계의 모든 유명브랜드가 다 들어와 있다. 멋진 카페들과 레스토랑도 있고 세계에서 가장 화려한 화장실도 있다. 세계 각지에서 오는 관광객들을 겨냥해서 만든 고급 쇼핑몰이다. 여느 미국 백화점 못지않게 꾸며 놓았다. 백화점 실내 중앙에 SAMSUNG이라고 큰 로고 글자가 정면에 보인다. 쇼핑을 좋아하는 사람들은 한나절을 잡아도 부족한 시간일 것 같다.

크레믈린 광장 건너편
고급 백화점 GUM

크레믈린 성 전체

## ▌크레믈린 성 내부

모스크바 강을 앞에 두고 위세서 내려다 보이는 조감도 사진은 크레믈린 내부의 전경이다 성벽과 뾰족한 망루들로 둘러싸여 있는 크레믈린 성 내부는 크레믈린 대궁전, 박물관, 대통령 집무실과 행정실로 구성되어 있다.

앞쪽 가운데 사각형 모양의 청색 지붕이 크레믈린의 대궁전이다. 1800년대 중반에 지어진 직사각형 모양의 건물은 3층으로 7,500여 평 규모이다. 차르의 모스크바 거주 궁전으로 사용하기 위하여 지어졌다. 유럽황실들에 뒤지지 않고 전제정치의 위엄을 보여주기 위한 호화로운 인테리어를 강조한 건축물이다. 700여 개의 방이 있고 서쪽에는 리셉션 방이, 동쪽에는 황제의 사생활 공간으로 되어 있다.

크레믈린 대궁전

화려함의 극치 대궁전 내부

내부 벽화

외빈 영접 홀

현재에는 대통령의 의전과 외교사절 접수 의식, 국제 조약과 회의의 방으로 사용되고 있고, 잘 사용되지는 않지만 대통령 주거로도 일부 사용된다. 건물 내부는 화려함의 극치를 보여주고 있다.

## 크레믈린 박물관 구성

크레믈린 박물관은 박물관 건물과 성당 광장에 있는 러시아 정교 소속의 성모 승천 성당, 성 미카일 성당, 성모 잉태 성당과 이 세 성당을 위한 이반 대제의 81m의 벨 탑과 12사도 교회로 구성되어 있다. 성당들 자체가 유적이 되면서 또 내부는 박물관으로 활용되고 있는 것이다. 성당들은 1500년대에 지어진 것으로 흰색의 벽에 황금색의 아름다운 돔들은 신비로움을 자아내고 있다. 우뚝 솟은 이반 대제의 벨 탑은 모스크바 강에서 보면 대궁전과 어울리며 멋진 조형미를 보여주고 있다. 동로마의 가톨릭, 그리스 정교, 이슬람의 영향을 받은 카잔 건축 양식들이 서로 결합된 독특한 교회의 건물 형태이다. 동양과 서양이 어우러진 아름다움이다.

성모 잉태 성당과
이 세 성당을 위한
이반 대제의
81m의 벨 탑

성모 승천 성당, 성 미카일 성당, 성모 잉태 성당과
이반 대제의 81m의 벨 탑

## 대통령 집무실과 콘서트 홀

바실 성당과 크레믈린 담벼락 뒤로 보이는 것이 러시아 대통령 집무실이다. 세계의 아름다운 대통령 집무실 중의 하나로 꼽힌다. 그 옆에는 콘서트 홀이 있어서 각종 연극, 발레와 음악회가 끊이지 않고 열리고 있으며 관람 티켓을 가지고 있으면 언제든 들어가서 프로그램을 관람할 수 있다. 러시아 월드컵 추첨 등도 이 콘서트 홀에서 개최된 바 있다.

크레믈린 성 안쪽의 대통령 집무실

성 내부에 있는 콘서트 홀

## 알렉산더 공원

모스크바의 최대 시민공원으로 러시아의 황제 알렉산더 1세가 나폴레옹을 라이프치히에서 패퇴시키고 나폴레옹 전쟁이 종결된 후 전쟁 중 파괴된 크레믈린 성을 복원하리는 명령을 내렸나. 알렉산더 황제는 전 유럽을 석권했던 나폴레옹을 패퇴시킨 유럽의 해방자로 불리며 유럽의 강자로 추앙받은 러시아의

무명용사비

알렉산더 1세 황제

성 밖의 알렉산더 공원

황제였다. 프로젝트 담당자는 복원 과정에 공원을 추가하였는데 그 공원의 이름이 이 알렉산더 공원이다.

크레믈린 성의 서쪽 벽에 이어져 800여 미터에 이르는 공원으로 후에 무명 용사비, 로마노프 300주년 오벨리스크, 2차 대전 레닌그라드의 꺼지지 않는 불꽃 등 각종 조각과 분수, 정원이 아름답다. 모스크바 시민들, 러시아와 세계 각지에서 오는 관광객으로 늘 붐비는 쉼터이다.

오벨리스크 기념비

공원의 인공 연못 조경

공원 분수와 관광객들

## ▎모스크바 강

모스크바를 관통하는 모스크바 강은 오카 강 지류 중의 하나로 크레믈린 궁의 성벽 남쪽으로 흘러 러시아의 대표적인 강인 볼가 강과 만나 카스피해로 흘러 든다. 강의 유람선에서 올려다 보는 크레믈린의 아름다운 성벽과 망루, 대궁전, 성당 광장에 있는 이반 대제 벨 탑의 황금 돔들은 가히 환상적이다. 언뜻 공산주의와는 맞지 않은 풍경 같기도 했다. 아마도 냉전 시대를 겪어 오면서 러시아에 대해서 형성된 편견 중의 하나가 아닐까 생각된다.

러시아는 피터 대제 때부터 운하를 건설하기 시작했는데 모스크바는 5개의 바다로 나갈 수 있는 루트를 가지고 있다고 한다. 대서양쪽의 발틱해, 북쪽의 백해, 남쪽의 흑해, 크림 반도 안쪽의 아조프해, 카스피해까지 다섯 개의 바다와

크레믈린 앞으로 흐르는 오카 강

잘 정리된 운하

연결할 수 있다고 한다. 거대한 영토를 가진 나라인 만큼 내륙의 물자 운송과 해외 교역을 위해서 강의 이용과 운하의 건설을 일찍이 해온 것이다. 러시아가 동로마 비잔틴 제국을 계승한 제국이라고 주장해온 이유도 크리미아 반도 쪽을 이용해서 쉽게 동로마의 수도였던 이스탄불에 접근하여 동로마의 문물을 쉽게 받아들일 수 있었기 때문이다. 러시아는 유럽을 거의 석권했던 나폴레옹을 패퇴시킨 국가이며 세계 1, 2차 대전에서도 미국과 함께 국제 정치의 양대축이 되어 온 나라이다. 거칠기는 하지만 나름대로의 철학과 힘이 있는 대제국이었던 것이 느껴진다.

## ▎구 아라바트 거리

다음 날은 모스크바의 명동이라고 할 수 있는 아라바트 거리에 가보기로 했다. 아라바트 거리는 우리나라의 명동과 같은 거리이다. 러시아의 젊은이들과 외국 관광객으로 가득했고 사람들의 생기가 넘쳐났다. 각종 기념품 상점과 노점상들, 식당과 커피숍들, 러시아의 고유 왕실 복장으로 사진 찍으라고 달려드는 아가씨들, 기금을 모금하는 자원봉사 소녀 등 다양한 볼거리들이 있었으며, 제2차 세계대전을 승리로 이끌었던 주역들의 사진들을 전시해서 젊은이들의 정신교육도 시키는 것 같았다. 특히 눈길을 끈 것은 어두운 공산 치하에서도 서방의 Rock 음악을 전파하여 러시아 젊은이들의 우상이 된 한국계 가수이자 기타리스트인 빅토르 최의 벽화들이 골목의 한 벽을 가득 채우고 있었던 점이다. 저마다 꽃을 헌화하면서 남녀노소를 가리지 않고 그를 추모하며 골목을 가득 채우고 있는 것이 인상적이었다.

아라바트 거리

그림을 파는 노점상들

아라바트 거리의 그림상

거리에 들어서자 그림으로 좌판을 차리고 있던 친구가 다가 와서 한눈에 카레스키 한국인이라고 알아본다. 일본과 중국 사람들도 많은데 넌 어떻게 한눈에 알아봤냐고 하니 두상이 길고 옷차림이 센스가 있고 길을 걸어 갈 때도 활달하고, 경계심 없이 현지사람들과도 스스럼없이 피드백을 잘한다는 것이었다. 이 친구는 이 거리에서 하도 많은 한·중·일 사람들을 봐서 쉽게 구별할 수 있다니 대단한 눈썰미인 것은 틀림이 없었다.

길 한가운데에서는 2차 세계대전을 승리로 이끈 러시아의 주코프 대장 판넬을 전시하고 있었다. 김일성과 함께 6.25전쟁을 요리했던 인물이라 좋게 보이지는

2차 대전의 영웅 주코프 장군

황실 복장을 한 이들과

푸시킨 부부의 동상

푸시킨 기념관

않았지만 어쨌든 러시아인들에게는 스탈린과 함께 러시아를 독일로부터 구하고 2차 세계대전을 승리로 이끈 최고의 영웅인 것이다. 가슴에 훈장을 달 곳이 없을 정도로 훈장이 많은 인물이다.

좀 씁쓸해 하면서 거리 안으로 들어가니 황실 복장을 한 젊은 귀부인들이 사진을 찍자고 조른다. 얼마냐고 물어보니 300루블이란다. 사진 찍으려는 관광객들이 별로 없어서인지 150루블만 하자고 하니 흔쾌히 응해준다. 포즈도 애교 있게 잡아주며 즐거워하는 아가씨들하고 사진을 찍다 보니 어느새 주코프에 대한 불쾌한 감정이 가셨다. 왕비와 공주를 데리고 사진을 찍은 왕이 된 기분이다.

바로 옆에는 푸시킨 박물관이 있었는데 소소하게 볼거리가 많이 있었다. 푸시킨과 그의 아내의 동상이 사람들의 발걸음을 멈추게 한다. 러시아 여행 내내 그의 동상은 레닌 동상만큼이나 많이 봤는데 러시아 사람들이 푸시킨을 얼마나 사랑하는지 알 수가 있었다.

## ❙빅토르 최

러시아의 클래식 음악들은 너무 유명해서 우리들에게 잘 알려져 있었지만 러시아의 대중음악을 처음 접하게 된 것은 80년대 우리 드라마 모래시계에 나왔던 '백학'이란 곡을 통해서인 것 같다. 러시아의 대중음악은 제정 러시아의 혹독함과 환경적으로 어둡고 거친 힘든 배경 하에서 탄생하여 좀 우울하고 어두운 면이 많은데 이 패러다임을 바꾼 것이 80년대 빅토르 최의 Rock 음악이다. 전자 기타를 치면서 시끄럽게 연주하며 젊은 청중들을 흔들어 대는 비틀즈의 서구음악이 러시아에도 전파되면서 혜성처럼 나타난 가수가

젊은이들의 우상 한국계 빅토르 최

빅토르 최 추모의 벽

아라바트 거리의 추모의 벽

젊은이들과 밴드

바로 한국계 가수인 빅토르 최다.

빅토르 최는 2차 대전 때 연해주에서 러시아 내륙으로 강제 이주한 한국인 3세다. 80~90년대 소련의 서구 개방 정책과 맞물려 Rock 음악으로 소련 전체를 흔들어 놓은 불세출의 가수이다. 진부한 사랑 타령보다는 당시 어두운 소련의 전체주의적 시대상을 음악으로 비판한 아티스트이자 혁명의 아이콘이었다. 빅토르 최는 아쉽게도 28세에 낚시를 가다가 교통사고로 요절하였다. 천재는 요절하는 운명을 타고나는 것인지? 후에 사람들은 빅토르 최를 추모하기 위해 아라바트 거리의 한 골목의 벽에 그를 추모하는 글과 그림을 남기기 시작하여 오늘날 아라바트 거리의 명소로 자리 잡게 된 것이다.

볼쇼이 극장

## ▌볼쇼이 극장

다음 날은 그 유명한 볼쇼이 극장을 찾았다. 볼쇼이 극장 앞은 정원이 있는 넓은 광장으로 분수대와 칼 마르크스의 동상 그리고 여러 음식점들이 주변에 있었다. 혹시 좋은 프로그램이 있으면 한번 관람하고 싶어 갔는데 사람들이 문 앞에 줄지어 있었다. 아직 정식 프로그램 오픈 전이라 극장 내부 구경 시간이란다. 화려한 극장의 내부 구경만 40불이라고 하는데 그나마 줄이 긴 데다가 투어그룹당 인원수 제한이 있어 내부 구경하려면 2시간은 족히 기다려야 하는 상황이다. 일단 내부 구경은 포기하는 것으로 하였다. 언제 다시 올지 모르는데 아쉬웠다.

극장 자체도 관광 상품인 극장 내부

극장 입구 홀

## 모스크바의 지하철

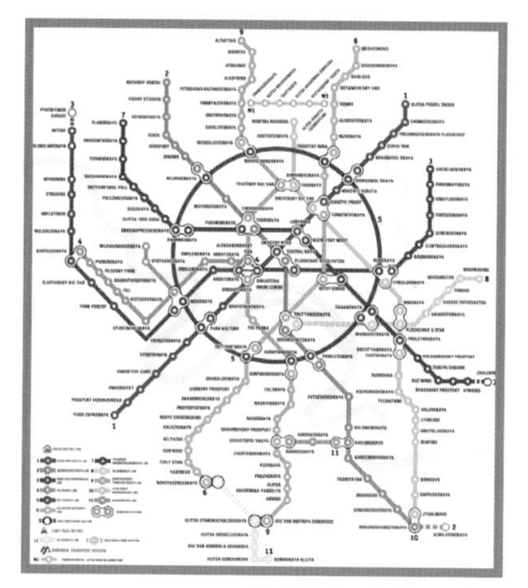

모스크바 지하철 노선도

지하철 역 내부

지하철 역사 중 가장 오래된 것 중의 하나가 모스크바의 지하철이다. 1930년대부터 건설되기 시작했다. 우리나라처럼 모스크바 시내를 둥그렇게 순환하는 순환선이 있고 도시의 중심부로부터 사방 방사형으로 건설되어 아주 효율적으로 운영되고 있다.

모스크바의 지하철은 모스크바 시민들에게 아주 편리한 발이 되어 줄 뿐만 아니라 관광객들에게도 모스크바를 구경할 수 있는 저렴한 교통수단이기도 하다. 2차 대전 중에는 독일의 공격에 대비할 수 있도록 군사상 방공호로서의 역할도 할 수 있도록 깊게 건설되었다. 러시아 사람들은 공산주의 선전선동의 일환으로 지하철역을 웅장하고 화려하게 만들었다고 한다. 결국 이러한 노력은 예술적인으로 장소로 꾸미는 데 일조했다고 본다.

관광 명소가 된 지하철 역 내부

궁전처럼 장식된 지하철

이 지하철의 인테리어를 보면 러시아인들의 예술적 감각과 여유를 잘 보여주기도 하고 어쩌면 현실 생활과는 좀 동떨어진 과하기도 한 것 같은데 어찌 되었든 지금은 이 아름다운 지하철역이 관광 상품화되어 지하철만 보는 관광도 있다. 특히 아름다운 몇 개를 보는 것만 해도 모스크바 관광 일정 중 반나절은 잡아야 할 정도로 볼거리가 많다. 우리나라의 경복궁역에 여러 가지 예술적인 장식 등을 가미한 것은 아마도 모스크바의 지하철역을 보고 응용력을 발휘한 것이 아닌가 싶다.

# 6

# 모스크바에서 카잔으로

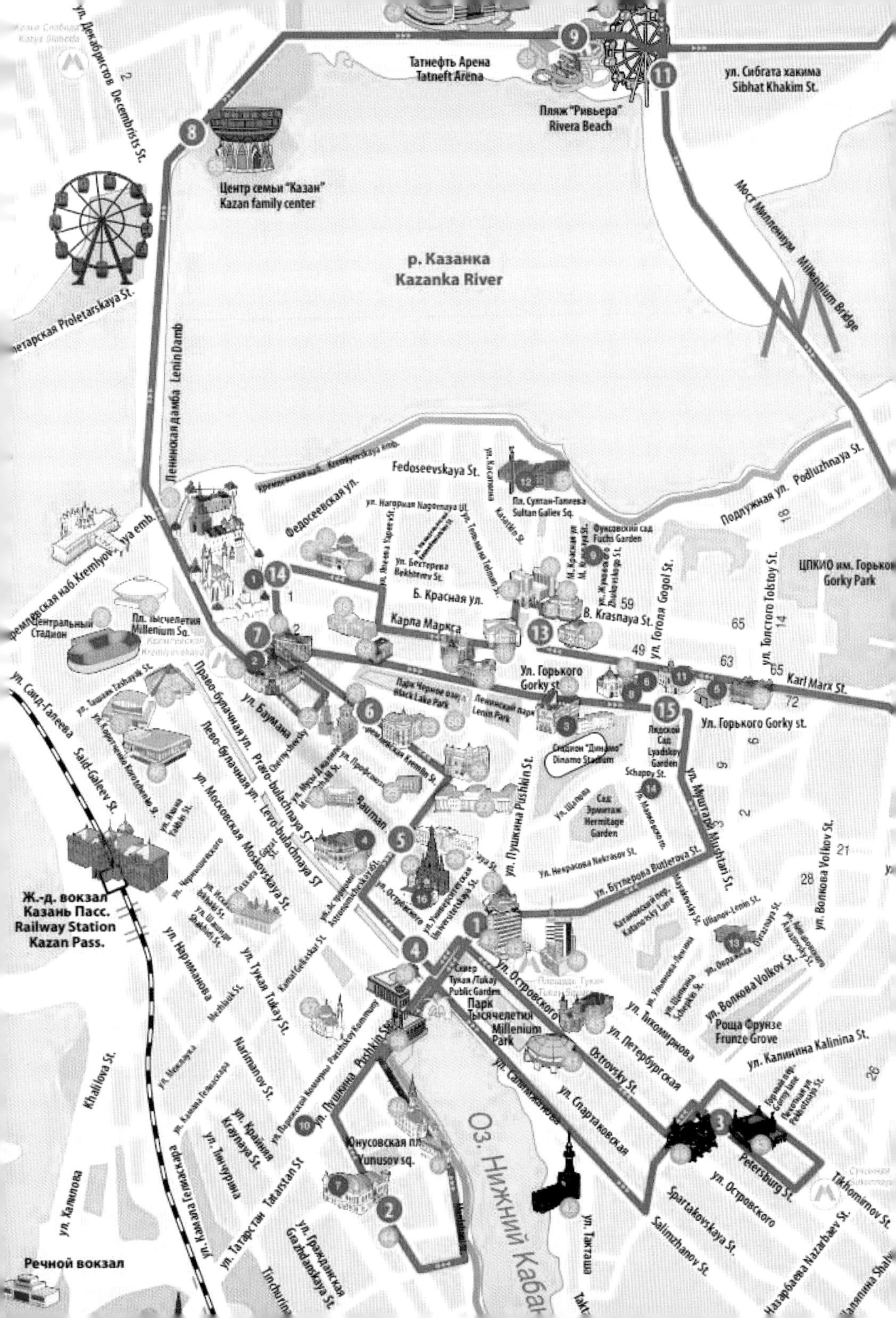

Татнефть Арена
Tatneft Arena
Пляж "Ривьера"
Rivera Beach
ул. Сибгата хакима
Sibhat Khakim St.
ул. Декабристов Decembrists St.
Центр семьи "Казан"
Kazan family center
р. Казанка
Kazanka River
Мост Миллениум Millenium Bridge
Пролетарская Proletarskaya St.
Ленинская дамба Lenin Damb
Fedoseevskaya St.
Федосеевская ул.
ул. Нагорная Nagornaya Ul.
ул. Бехтерева
Bekhterev St.
Б. Красная ул.
Карла Маркса
Пл. Султан-Галиева
Sultan Galiev Sq.
Фуксовский сад
Fuchs Garden
B. Krasnaya St.
ул. Гоголя Gogol St.
Подлужная ул. Podluzhnaya St.
ЦПКИО им. Горьког
Gorky Park
ул. Толстого Tolstoy St.
Karl Marx St.
Центральный
Стадион
Пл. тысячелетия
Millenium Sq.
ул. Горького
Gorky st.
Ул. Горького Gorky st.
Парк Черное озеро
Black Lake Park
Ленинский парк
Lenin Park
Стадион "Динамо"
Dinamo Stadium
Лядской
Сад
Lyadskoy
Garden
Schapov St.
ул. Баумана
Bauman
Право-булачная ул. Pravo-bulachnaya St.
Лево-булачная ул. Levo-bulachnaya St.
ул. Московская Moskovskaya St.
ул. Саид-Галеева
Said-Galeev St.
ул. Пушкина Pushkin St.
Сад
Эрмитаж
Hermitage
Garden
ул. Некрасова Nekrasov St.
ул. Бутлерова Butlerova St.
ул. Муштари Mushtari St.
Ж.-д. вокзал
Казань Пасс.
Railway Station
Kazan Pass.
ул. Нариманова
Narimanov St.
ул. Тукая Tukay St.
Сквер
Тукая /Tukay
Public Garden
Парк
Тысячелетия
Millenium
Park
ул. Островского
Ostrovsky St.
ул. Петербургская
ул. Тихомирнова
ул. Волкова Volkov St.
Роща Фрунзе
Frunze Grove
ул. Калинина Kalinina St.
ул. Волкова Volkov St.
ул. Спартаковская
Spartakovskaya St.
Salimzhanov St.
Petersburg St.
Tikhomirnov St.
Юнусовская пл.
Yunusov sq.
Оз. Нижний Кабан
ул. Краяння
Kraynaya St.
Khalilova St.
ул. Халилова
ул. Татарстан Tatarstan St.
ул. Гражданская
Gazhdanskaya St.
ул. Тукаша
Речной вокзал
Назарбаева Nazarbaev St.

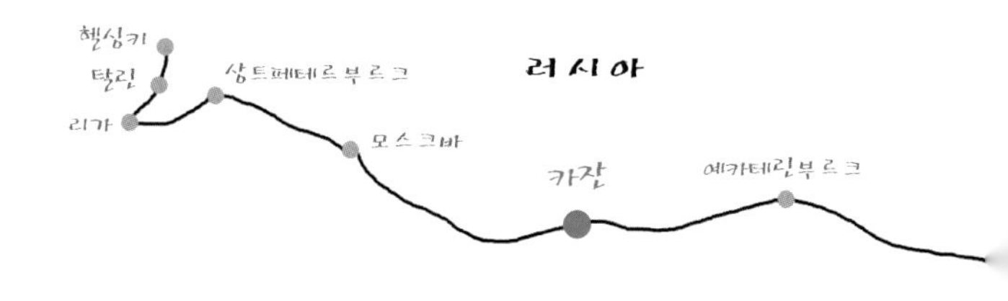


## 시베리아 횡단 열차

호텔 카운터 직원들에게 카잔에 가기 위해서는 어느 역으로 가야 되는지 물어봤다. 왜냐하면 모스크바에는 철도 노선에 따라 몇 개의 역이 있었기 때문이었다. 카잔역으로 가야 한다는 것이었다. 내 말을 잘 이해를 못하는 것일까? 카잔을 가야 하는데 카잔역으로 가야 한다니. 지도를 펴놓고 한참을 이야기한 후 에야 카잔역이 카잔에 있지 않고 모스크바에 있다는 것을 알았다. 모스크바의 지도에도 카잔역이라고 써 있었다. 카운터의 직원이 내 말을 이해 못한 것이 아니라 내가 그를 이해하지 못한 것이다. 서울에서 부산을 가려면 서울역으로 가야 하는데 부산역으로 가라고 하니 알아들을 수가 없었다.

РЖД 20
АСУ «ЭКСПРЕСС»
ЭЛЕКТРОННЫЙ ПРОЕЗДНОЙ ДОКУМЕНТ
2007198326280Ч
ПОЕЗД | ОТПРАВЛЕНИЕ 2016 ГОД | ВАГОН | ЦЕНА руб. | ВИД ДОКУМЕНТА
КОНТРОЛЬНЫЙ КУПОН
002 ИА 05.07 19:40 01 М 004330.2 005220.8 01 ПОЛНЫЙ
МОСКВА КАЗ-КАЗАНЬ ПАС (2000003-2060500) ФИРМ КЛ.ОБСЛ.1М
МЕСТА 012 ФПК ГОРЬКОВСКИЙ
33M23252682/SUNG-KI-TAE*-/00021956/KOR/M
Н-9551.0 РУБ(НДС 18% 656.09;НДС 18% 356.03) С БЕЛЬЕМ
ПРИБЫТИЕ 06.07 В 08:00
ВОЗВРАТ ВОЗМОЖЕН ПРИ ПРЕД"ЯВЛЕНИИ ВСЕХ ДОКУМЕНТОВ ЗАКАЗА
ВРЕМЯ ОТПР И ПРИБ МОСКОВСКОЕ.КУРИТЬ ЗАПРЕЩЕНО

카잔까지의 열차표

모스크바에 있는 카잔역

선입견이 사람의 이해를 어렵게 할 수 있다는 것과 인간의 사고방식은 문화에 따라 정반대일 수도 있구나 하는 생각이 들었다. 이제는 제법 지하철에 익숙해서 지하철을 타고 모스크바에 있는 카잔역을 찾아갔다. 카잔역에 도착해서 역의 간판을 보니 러시아어로 카잔역이라고 쓰여 있다. 호텔 직원이 설명하면서 못 알아듣는 나를 보고 무척 답답했을 것도 같다.

모스크바에서 카잔까지는 약 800여km로 12시간 20분이 걸린다. 저녁 7시 40분에 출발해서 다음 날 아침 8시에 도착한다. 열차의 속도는 시속 70km 정도로 느린 편이다. 편안한 여행을 위해서 화장실이 객실 내에 있는 특실 차표를 구입했다. 역에서는 차표를 판매하는 대부분의 직원들이 영어를 못하기 때문에 영어를 하는 대학생들이 자원봉사로 외국인 관광객들을 돕고 있어 차표를 사는 데 그다지 어렵지 않았다. 차표 자동판매기도 설치되어 있었는데

시베리아 횡단 열차

열차의 승무원

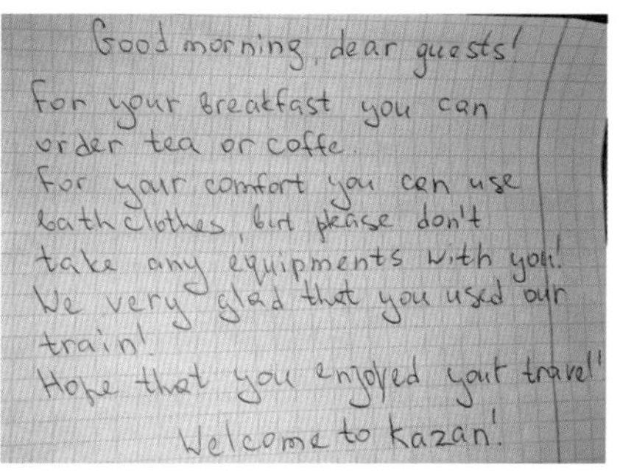

Good morning, dear guests!
For your breakfast you can
order tea or coffe.
For your comfort you can use
bath clothes, but please don't
take any equipments with you!
We very glad that you used our
train!
Hope that you enjoyed your travel!
Welcome to kazan!

손님에게 인사를 쓴 영어 메모

러시아어로 되어 있어 사용할 수가 없었다. 금액은 9,551루블로 원화로 약 16만 원 정도 되었다. 하룻밤을 지내는 호텔비와 항공료를 감안한다면 저렴한 가격으로 생각된다. 물론 3등실은 훨씬 더 저렴하지만… 역에서 저녁식사를 간단하게 한 후 기차에 올랐다. 기차는 깔끔했고 국토가 넓은 러시아에서는 장기 여행객들을 위한 침대열차가 잘 발달되어 있다. 승무원들이 특실에 걸맞은 서비스를 하기 위해 노력하고 있었다. 영어를 못하는 중년 여성의 객실 승무원은 손으로 쓴 편지를 주면서 친근한 서비스를 해 보인다.

기나긴 여행의 시작이다. 이것저것 밤새 먹을 것 등을 충분히 준비했고, 승무원

열차 안 복도

객실 탁자와 의자

화장실까지 구비된 1등석

들이 한끼분의 빵과 사과, 물 등 간식이 될 만한 것도 가져다 주었다. 한국에서 가져간 톨스토이의 명작 〈부활〉을 다시 한번 읽어 보기로 했다. 특실이라 그런지 침대시트와 베개도 깨끗했다. 좁지만 샤워도 할 수 있어서 상쾌한 여행을 할 수 있었다.

모스크바에서부터 카잔을 거쳐 우랄산맥까지는 끝없는 평원이다. 이제 밖이 보이지 않는다. 들리는 소리는 오로지 일정하게 울리는 기차의 바퀴와 철길의 마디가 닿는 소리뿐이다. 도대체 인간이란 존재는 뭘까 하는 생각이 문득 들었다. 2시간도 채 안 되어 〈부활〉 소설을 다 읽어버렸다. 주인공 네흘류도프는 부활이란 소설을 통해서 혹독한 제정 러시아의 모순된 법과 제도, 귀족들의 위선적인 삶을 고발하고 카츄사에 대한 속죄를 통해서 다시 태어난다. 카츄사는 수용소에서 네흘류도프를 잊고 새로운 사랑을 만나서 떠나는 장면의 여운이 오래도록 남았다. 그래서 명작이라고 하는 것 같다.

깔끔한 카잔역

## 타타르스탄의 수도 카잔

승무원들이 카잔이 멀지 않았음을 알린다. 정말 꿀 같은 잠이었다. 먼동이 트기 시작한다. 밖은 가끔 시골농가가 보일 뿐이다. 카잔 도착 1시간 전 즈음에 스마트폰으로 시내 중심지의 호텔을 예약하였다. 긴 여행 후라 호텔은 가급적 좋은 호텔로 예약하였다. 혹시 인터넷이 안 되면 어떻게 하나 걱정했는데 역에 가까워질수록 인터넷이 잘 연결되어 굳이 숙소를 미리 예약하지 않아도 문제가 없었다. 손 안에 있는 스마트폰과 인터넷 세상의 편리함을 새삼 느낀다. 호텔에서 자고 일어난 것과 다름없이 샤워와 면도를 말끔하게 한 후 배낭을 꾸렸다. 짐은 항상 배낭 하나에만 들어갈 수 있는 정도로만 꾸려서 다녔다.

드디어 타타르인들의 나라 타타르스탄 공화국의 수도 카잔이다. 러시아에서 가장 긴 강인 볼가강을 건너자 카잔역이 눈에 들어온다. 카잔역이 단아하면서도 티끌하나 없이 깨끗하다. 시내로 들어가는 주택가들도 아기자기하고 너무

잘 정비된
아담한 동네

카잔성과 볼가강

정비가 잘 된 시가지

깨끗하다. 카잔은 현재 러시아의 2대 도시이고 인구는 120만 정도이다. 13세기 초 몽골은 몽골제국을 4개의 칸국으로 분할하여 통치하였는데 그 4개의 칸국 중의 하나가 킵차크 칸국이다. 킵차크 칸국은 지금의 우크라이나에서부터 카잔과 우랄 알타이산맥 서쪽에까지 이르는 광대한 지역을 차지하고 있었는데, 이 지역은 칭기즈칸의 장손자인 바투가 모스크바를 정복한 후 세운 4번째의 칸국이다.

러시아는 1240년부터 1480년까지 무려 240년간을 몽골과 타타르의 지배를 받았는데 이것을 러시아에서는 '몽골 타타르의 멍에'라고 한다. 후에 이 킵차크 칸국이 분열하면서 칸국 내의 타타르인들이 1438년에 카잔 칸국을 세웠다. 그 수도가 지금의 카잔이다. 지금은 러시아 연방공화국 내의 타타르스탄 공화국 자치주라고 하는데 이름 뒤에 따라오는 스탄이란 말은 원래 국가라는 뜻이다. 카자흐스탄, 우즈베키스탄, 키르기스스탄 같은 나라들은 구소련 해체 시 소련에서 독립하였으나 타타르스탄은 러시아 연방의 자치주로 남아 있게 된 것이다.

## ▎타타르인들

러시아의 슬라브민족들이 그리스 정교를 믿는 것과는 달리, 타타르인들은 몽골족과 터키계 종족이 혼합된 민족으로 이슬람교를 믿고 있고 슬라브족들과는 인종적이나 문화, 종교적으로 상당히 다르다. 타타르스탄은 국방과 외교권을 제외한다면 러시아와 별개의 나라와 다를 바 없다. 러시아 횡단 열차를 모스크바의 북쪽 라인을 택하지 않고 남쪽 카잔 루트를 택한 이유는 칭기즈칸의 손자 바투의 킵차크 칸국의 역사를 음미해 보면서 그들이 남긴 유산을 보고 싶었기 때문이었다. 4세기 말부터 동서양을 흔들었던 훈족, 몽골과 타타르족들이 어떻게 번성했으며, 동서양이 어떻게 융화되었고 서양의 문화와 역사에 어떠한 영향을 끼쳤는지 알고 싶었다.

카잔의 메인 로드에서 힙합과 브레이크 댄스를 추는 신세대의 발랄함은 우리와 별반 다르지 않다. 주변에 둘러서서 삼삼오오 가족끼리 춤추는 것을 지켜보는 모습에서 타타르인들의 면면을 볼 수가 있었다. 이들이 바로 몽골족과 터키족의 혼혈인 타타르인들인 것이다.

15세기 몽골과 카잔 칸국의 국력이 쇠퇴해지자 그 틈을 타서 모스크바 공국의 이반 4세가 카잔 칸국에 반기를 들었다. 이반 4세는 1552년에 15만의 군대를 이끌고 카잔을 함락시킨 후 카잔지역을 모스크바 대공국으로 편입시켰다. 몽골과 슬라브의 주종관계가 240여 년 만에 막을 내리고 슬라브가 주인이 된 것이

브레이크 댄스를 추는 젊은이들과 구경꾼들

다. 이를 기념하기 위하여 러시아가 모스크바 광장에 건립한 건축물이 바로 성 바실 대성당이다. 240여 년간의 기나긴 몽골 타타르인 멍에에서 벗어난 기쁨을 기념하기 위하여 러시아 최고의 기념비적인 건축물을 세운 것이다. 카잔은 17세기에 들어 경제 성장을 이룩하며 볼가강 지역의 중심지가 되었다. 1920년 소련 연방 하에서는 타타르스탄 공화국의 수도가 되었고, 1930년대에는 급속한 인구증가와 더불어 산업화가 시작되었다. 1990년대 이래로 카잔은 러시아의 정치, 금융, 교육 및 관광의 주요 도시로 성장하였다.

성 바실 성당과 카잔 칸국

러시아와 세계를 흔든 공산주의 혁명가 레닌이 카잔 출신이었고, 카잔대학 법대에서 학생운동을 했으며, 최초로 마르크스 그룹을 조직하고 마르크스 이론을 발전시켜 행동으로 옮긴 인물이다. 레닌의 얼굴을 보면 그가 타타르인이라는 것을 짐작할 수 있다. 레닌은 슬라브족일 것이라고 생각해 왔는데 자세히 알고 보니 타타르족으로 보인다. 러시아 최고의 문호 톨스토이도 카잔대학에서 법학을 공부한 바 있다. 카잔이 동서문화가 공존하는 유서가 깊고도 세련된 도시였음을 알 수 있다.

러시아 제국은 슬라브인과 타타르인을 양대 축으로 하여 유지해 왔는데, 재미있는 것은 러시아에서 만난 슬라브인들은 타타르인들을 러시아 사람으로 생각하지 않는 사람들도 많이 있다는 점이다. 아마도 3세기간에 걸친 오랜 기간 동안 타타르인들의 지배를 받고 살았던 러시아인들의 역사적으로부터 당해왔던 지긋지긋한 감정에서 오는 면도 있지 않을까 싶다. 사실 인종도 슬라브인들과는 상당히 다르다. 타타르인이란 몽골계와 터키계 사람들의 혼혈이 주된 구성원이기 때문이다. 얼굴 생김새도 동양인 같기도 하고 서양인 같기도 한데 피부색은 동양인 피부와 비슷하고 키도 그다지 크지 않으며 머리칼도 대부분 까맣다. 우리 동네 할아버지나 아저씨 같은 모습으로 보이기도 한다. 골동품 상점에서 만난 형제들은 이목구비가 뚜렷한 동양인이라 할까? 기념품을 사면서 이런저런 얘기를 하다 보니 시골 동네 아저씨들하고 얘기하는 것 같은 기분을 느꼈다.

형제가 운영하는 골동품 가게

언젠가 발칸 반도 여행 시 헝가리에 가는 도중 열차에서 만난 부부가 갑자기 같은 좌석에 탄 나를 보더니 반갑게 뭐라고 해서 처음엔 잘 알아듣지 못했는데 두세 번 얘기 하길래 잘 들어보니 자기들이 마자르족이라 했던 생각이 갑자기 떠올랐다. 동양인인 나를 만나서 몽골리안이라는 동질감을 느끼고 반가웠던 것이다. 타타르인들과 꼭 닮은 헝가리의 마자르인들이 생각났다. 고등학교 때 배운 역사 공부를 실감하는 순간이다. 아마도 이 마자르인들과 타타르인들이 유럽 깊숙하게 헝가리와 오스트리아까지 최대 영토를 넓히며 생사고락을 같이한 몽골인들의 일족이었음이라 짐작이 된다.

나는 항상 러시아가 말 이외에는 육상 교통시설이 없었던 시대에 어떻게 캄차카 반도에까지 이르는 그 거대한 영토를 차지했는지에 대한 의문을 가지고 있었는데, 여기에는 몽골의 모스크바 지배와 타타르인들의 역사적인 관련성 때문인 것을 알았다. 카잔 칸국이 우랄산맥 서쪽까지 평원을 차지하고 있었기 때문에 카잔국을 복속시킨 러시아제국이 우랄산맥 서쪽까지는 쉽게 영토를 확장할 수 있었고, 우랄산맥 동쪽부터 블라디보스토크까지는 몽골의 원나라가 망한 상태에서 몽골 초원의 부족국가로 되돌아가 있었을 때 러시아는 몽골초원 북쪽의 시베리아를 통해서 비교적 쉽게 블라디보스토크까지 진출할 수 있었던 것이다.

이 무렵 러시아의 서방 수출품 가운데 밍크 모피가 가장 인기가 있었는데 이 때문에 코자크 상인들이 시베리아에서 밍크를 잡는 데 적극적이었고, 러시아는 용맹한 코자크 군대와 상인들을 앞세워 블라디보스토크까지 진출하게 된 것이다.

카잔 성

카잔 성 정문

카잔 성 내의 궁궐

카잔은 깔끔한 도시였다. 우중충한 러시아의 도시들과는 달리 카잔은 도시가 잘 정비되어 있어서 놀랐다. 우아하고 세련된 도시다. 시내 중심지에 있는 카잔 성은 유네스코 세계 문화유산으로 아름다운 성의 모습이 쾌청한 7월의 날씨와 환상적인 조화를 이루고 있었다.

## ▎카잔 성

카잔 성 내에는 이슬람 사원과 궁전이 성 내에 있었는데 모스크바의 슬라브족들 건축물과는 전혀 다른 느낌의 건축 양식을 가지고 있었다. 카잔성의 유네스코 세계 문화유산으로의 지정과 함께 해외 관광객 유치에도 힘을 많이 쓰고 있는 도시였다. 시내 주택가의 자그마한 샛강들도 깔끔하게 정리되어 있어서 타타르인들의 근면함과 성실함을 보여주는 것 같았다. 성 안에 있는 궁전은 상트페테르부르크의 여름 궁전과 같은 이미지였는데 규모는 좀 작아도 그 섬세함과 색감이 여름 궁전 못지않게 아름다웠다.

카잔 성 내의 모스크

타타르인들의 종교는 이슬람교이다. 오스만 터키와 교류가 활발하여 오스만 터키로부터 전파된 것이다. 카잔 성 내에 있는 이슬람 사원의 푸른 돔이 파란 하늘과 흰 구름을 배경으로 찬란한 신비로움을 자아낸다. 타타르인들의 종교관은 아랍인들의 근본주의적인 종교관하고는 전혀 다르다. 마치 우리가 교회나 절에 가는 현세 구복적인 정도의 믿음이라고 할까? 시내에는 그리스 정교사원들도 있으나 종교와 정치는 엄격히 분리되어 있다. 소련 치하에서 정경분리의 영향을 받아 형성된 종교관이기도 하다.

결혼식 후 사진을 찍는 젊은이들

모스크 내에서 갓 결혼한 신혼부부의 자유분방하고 다정한 애정표현이 이채롭다. 즐겁게 사진을 찍어주는 친구를 보면서 카잔에서의 이슬람교에 대한 종교관의 단면을 보여준다.

카잔 석학들의 동상

성의 동쪽에는 가브리엘이 성모마리아에게 잉태를 알려준 것(수태고지)을 기념하기 위한 아눈시에이션 성당이 있다. 성의 내부에는 이슬람 사원도 있고 그리스도교의 성당이 사이좋게 있기도 하다. 돔은 황금색과 푸른색으로 되어 있었는데 각이 지면서도 둥근 독특한 타타르인들의 건축양식을 보여주고 있다. 푸른색 양파 돔은 그 색깔이 눈이 시리도록 아름답게 빛났다. 성당 앞 공원에는 카잔의 학자와 현인들의 업적을 기리기 위한 동상이 성당을 배경으로 생동감 있게 자리 잡고 있었다.

마침 카잔을 방문한 날은 우리나라 체조선수 손연재가 볼가강이 내려다보이는 카잔 체육관에서 세계 마루운동 체조대회를 하는 날이라 한번 가보고 싶기도 하였다. 손연재는 잘 알려지지도 않은 이 먼 곳까지 와서 경기를 하다니 참

카잔 성에서 내려다 보이는 체육관과 볼가강

그리스 정교 교회

성의 망루

대단하다고 생각되었다. 십대에 러시아에서 혼자 유학하면서 대회도 참가하고 하였으니 그 용기와 진취성에 감탄할 따름이다. 체육관 건물의 삼각지붕이 카잔 성 좌측으로 멀리 내려다 보인다. 체육관 앞으로는 러시아의 대표적인 강인 볼가강이 흐른다. 성 안에 들어갔더니 칭기즈칸 시대에 쓰던 화살로 과녁을 맞추어 보란다. 100루블을 주고 화살 10개를 받아서 쏴 봤는데 당기기가 쉽지 않았다. 문밖에서는 타타르인들의 전통 모자들을 팔고 있어서 한번 써 보았다. 우리 밀대 모자와 비슷했는데 모자의 끝은 성의 망루처럼 뾰쪽하다.

카잔식 밀대모자

성문 위에 달린 유네스코(UNESCO) 세계 문화 유산 지정 표시

깔끔하게 정비된 하천과 도시

슈비케 탑

카잔은 기대 이상으로 멋진 도시였다. 사람들도 멋지고, 음식도 맛있고 깊은 역사적 자부심과 따뜻함이 있는 도시였다. 도시 중심지역, 주거지역, 성 주변 어느 하나 지저분한 곳이 없이 깔끔하고 청결했다. 몽골의 후예들이 만들어낸 품위 있고 우아한 유네스코 명품도시답다.

아름다운 카잔 성

카잔 성 내의 슈비케 탑에는 카잔의 멸망과 관련된 슬픈 전설이 하나 내려온다. 모스크바 공국의 이반 4세가 카잔 칸국을 점령한 후 카잔 칸국 슈비케 황후의 미모에 반해 청혼을 하자, 황후는 이반 4세에게 일주일 안에 가장 높은 탑을 만들어주면 승낙하겠다고 말한다. 황후를 차지하겠다는 욕심에 서둘러 벼락처럼 공사를 마친 이반 4세가 거들먹거리며 완성된 탑을 자랑하자 황후는 탑 꼭대기에 올라가 어린 왕자를 안고 뛰어내려 자결을 한다. 용맹한 타타르 황후의 최후의 자존심을 지킨 것이다.

## ▌활기찬 시내 거리

거리에서 관광 홍보를 하는 대학생들

거리에서는 대학생들이 타타르스탄의 티셔츠를 입고 관광객 유치에 열심이다. 지나가다 쳐다보니 반갑다고 손을 흔들어 주는 모습의 얼굴에서 어딘가 동양적인 모습이 보이는 것 같다. 거리의 악사가 들려주는 타타르인들의 바이올린 소리에는 관광객들이 발길을 멈춘다.

거리의 악사

카잔은 광활한 우랄 서쪽의 평원에서 찬란한 문명을 발달시켜 동양과 서양을 연결해 왔으며, 볼가강을 통해서 남쪽으로는 카스피해로 북으로는 모스크바를 통해 발틱해까지 연결하는 운하를 가지고 있다. 이 지역은 마치 문명과는 동떨어진 텅 빈 지역이 아닐까? 생각했던 나로서는 역사에 대해서 너무 무지했던 것 같다. 그들은 이 지역에서 활발하게 동양과 서양, 북쪽의 슬라브 문화와 남쪽의 터키와 이슬람 문화를 끊임없이 받아들이고 전달하면서 찬란한 역사와 문화를 발전시켜 온 것이다.

젊은이들의 한류 붐

2018년 한국과 독일의 월드컵 경기가 열렸던 카잔 축구 전용구장

카잔은 최근엔 새로운 한류 중심지로도 부상하고 있다. 카잔대학 한국학연구소 주관으로 매년 '한류 K-Culture 경연대회'를 개최하는데, 한국에 관심 있는 학생들이 러시아 각지에서 몰려든다.

한국이 2018년 러시아 월드컵에서 독일과 맞붙어 세기의 축구 이변을 만든 곳이 바로 이 카잔에 있는 아레나 축구전용 경기장이다. 약 4만 5,000명을 수용하는 규모로 현재는 러시아 프리미어리그 소속 'FC 루빈 카잔'이 홈구장으로 사용하고 있다. 웅장한 곡선의 이미지를 살린 카잔 아레나 경기장의 최고 명물은 외벽에 설치된 유럽 최대 크기의 대형 스크린이다. 3개의 플라스마 패널로 이뤄진 스크린의 총 면적이 4,200m²에 달한다. 경기장에 입장하지 못한 축구팬을 위한 배려이기도 하고, 평소에는 다양한 광고와 홍보를 위해 사용된다. 경기장 지붕 색깔은 이슬람을 상징하는 녹청색으로 되어 있다.

시베리아 횡단 열차 중 남쪽 루트를 택하여 몽골 후손들의 발자취가 있는 타타르스탄의 카잔을 주요 여행지로 택한 것에 대한 충분한 보상을 받은 것 같았다. 러시아를 좀 더 이해할 수 있게 되었고, 동서양을 연결하면서 세계화를 달성한 몽골제국의 위대함에 새삼 감탄하지 않을 수 없었다.

입에 딱 맞는 음식들

시장기가 들어서 케밥과 맥주를 시켰다. 가능하면 길에 지나다니는 관광객들을 많이 볼 수 있는 식당을 골라서 자리를 잡았다. 많이 걸어서인지 맥주 맛이 그렇게 좋을 수 없었다. 케밥은 터키나 중동에서 먹던 것하고 똑같았고 내 입맛에도 딱 들어맞았다. 대개 어느 음식을 시켜도 우리 음식과 아주 비슷한 부분이 있다. 먹는 즐거움도 또한 카잔 여행의 큰 즐거움 중의 하나였다. 같은 몽골리안의 후예들이라 그런가? 식사 후에는 대로변 중심 시가지 쪽으로 가보아야겠다.

카잔 시내 거리

## 카잔 극장과 레닌 동상

시내의 중심 대로변 시가지 쪽도 잘 정돈되어 있고 깔끔했다. 타타르인들의 높은 문화수준을 엿볼 수 있다. 또한 시내에 있는 극장 건물은 그리스풍으로 지어져 있었는데 모스크바의 건물들보다도 우아하고 아름다웠다. 레닌이 아름다운 극장을 내려다 보는 모습은 좀 그랬지만 그도 러시아 역사의 한 페이지라는 것은 부정할 수 없었다. 또 카잔이 그의 고향이 아닌가! 시간이 허용된다면

레닌 동상과 카잔 극장

이 극장에서 하는 프로그램도 보고 싶었다.

코린트식의 화려한 기둥을 한 카잔예술극장의 빼어난 조형미와 아울러 예술을 사랑하는 카잔 타타르인들의 면모를 볼 수 있었다.

아름다운 카잔 극장

# 7
# 예카테린부르크

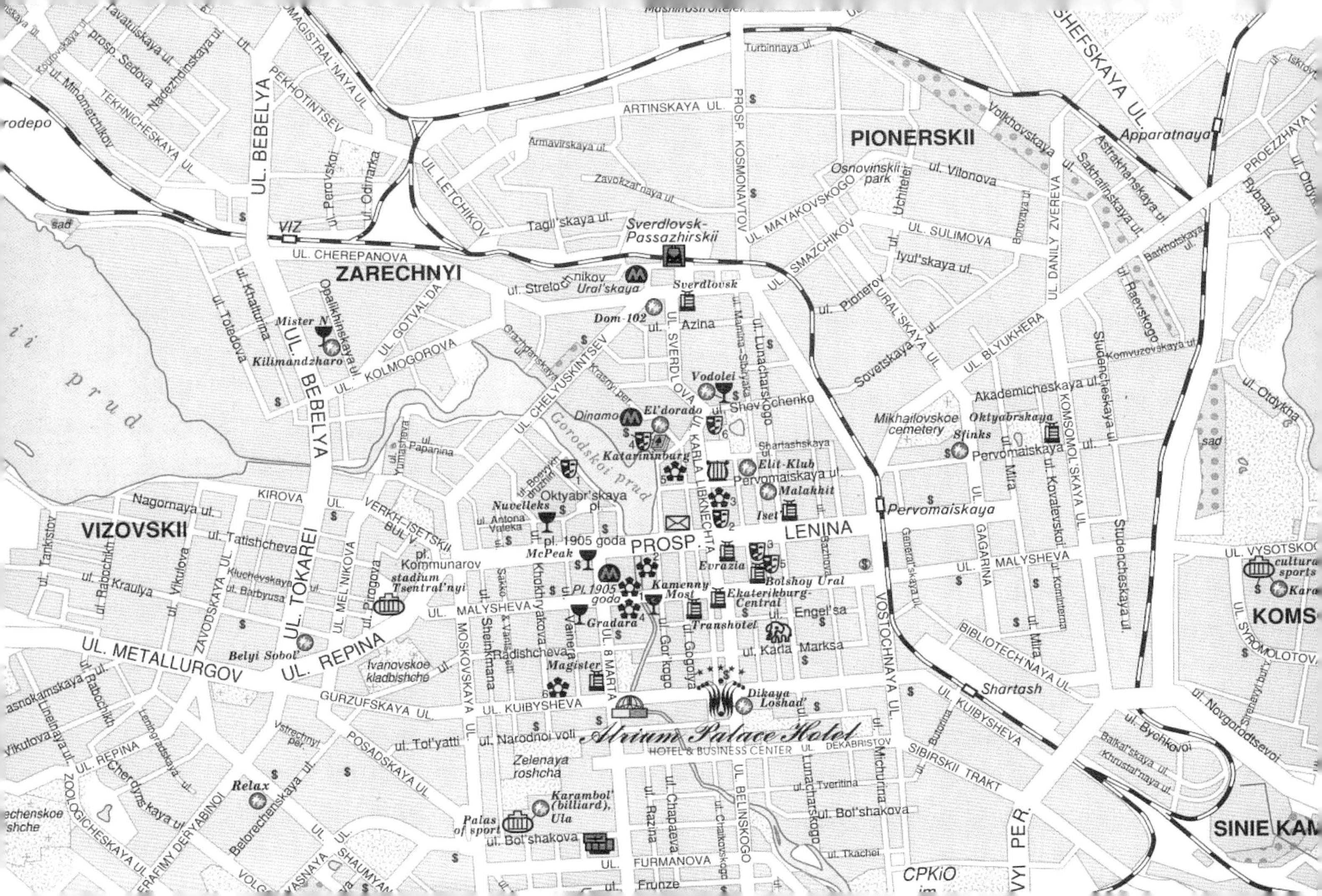

PIONERSKII
ZARECHNYI
VIZOVSKII
KOMS
SINIE KAM
PROSP. KOSMONAVTOV
PROSP. LENINA
UL. KARLA LIBKNECHTA
UL. SVERDLOVA
UL. CHELYUSKINTSEV
UL. BEBELYA
UL. TOKAREI
UL. REPINA
UL. METALLURGOV
UL. MALYSHEVA
UL. KUIBYSHEVA
UL. DEKABRISTOV
UL. BELINSKOGO
UL. 8 MARTA
MOSKOVSKAYA UL.
VOSTOCHNAYA UL.
UL. GAGARINA
KOMSOMOL'SKAYA UL.
UL. DANILY ZVEREVA
UL. BLYUKHERA
URAL'SKAYA UL.
UL. SMAZCHIKOV
UL. MAYAKOVSKOGO
UL. CHEREPANOVA
UL. LETCHIKOV
UL. KOLMOGOROVA
UL. GOTVAL'DA
SIBIRSKII TRAKT
POSADSKAYA UL.
GURZUFSKAYA UL.
ZAVODSKAYA UL.
ZOOLOGICHESKAYA UL.
SERAFIMY DERYABINOI
UL. MEL'NIKOVA
VERKH-ISETSKII BUL'V.
TEKHNICHESKAYA UL.
MAGISTRAL'NAYA UL.
PEKHOTINTSEV
ARTINSKAYA UL.
PROEZZHAYA UL.
SHEFSKAYA UL.
Apparatnaya
Sverdlovsk-Passazhirskii
Shartash
Pervomaiskaya
VIZ
Gorodskoi prud
Oktyabr'skaya pl.
pl. 1905 goda
pl. Kommunarov
Mikhailovskoe cemetery
Osnovinskii park
Ivanovskoe kladbishche
Zelenaya roshcha
stadium Tsentral'nyi
Palas of sport
Atrium Palace Hotel
HOTEL & BUSINESS CENTER
Sverdlovsk
Ural'skaya
Dom-102
Dinamo
El'dorado
Vodolei
Katarinburg
Elit-Klub
Malakhit
Iset
Bolshoy Ural
Evrazia
Ekaterinburg-Central
Transhotel
Kamenny Most
Pl. 1905 goda
Dikaya Loshad'
Gradara
Magister
McPeak
Nuvelleks
Karambol' (billiard), Ula
Belyi Sobol'
Relax
Mister N
Kilimandzharo
Oktyabrskaya
Sfinks
CPKiO
ul. Lunacharskogo
ul. Mamina-Sibiryaka
ul. Gogolya
ul. Gor'kogo
ul. Chapaeva
ul. Razina
ul. Michurina
ul. Bol'shakova
ul. Khokhryakova
ul. Vainera
ul. Radishcheva
ul. Sheinkmana
ul. Narodnoi voli
ul. Tol'yatti
ul. Mira
ul. Kovalevskoi
ul. Kominterna
Studencheskaya ul.
ul. Raevskogo
Astrakhanskaya ul.
Sakhalinskaya ul.
Volkhovskaya
ul. Vilonova
ul. SULIMOVA
ul. Uchitelei
ul. Pionerov
Sovetskaya ul.
ul. Azina
ul. Shevchenko
Shartashskaya ul.
ul. Bazhova
ul. Engel'sa
ul. Karla Marksa
ul. Khalturina
ul. Toledova
Opalikhinskaya ul.
ul. Odinarka
ul. Perovskoi
ul. Strelochnikov
ul. Tatishcheva
ul. Kraulya
ul. Vikulova
ul. Rabochikh
ul. Papanina
ul. Yumasheva
Nagornaya ul.
Kirova
Leningradskaya ul.
Cherdyns'kaya ul.
Belorechenskaya ul.
Lineinaya ul.
ul. Tankistov
prosp. Sedova
ul. Minometchikov
Nadezhdinskaya ul.
Tavatuiskaya ul.
Tagil'skaya ul.
Armavirskaya ul.
Zavokzal'naya ul.
Turbinnaya ul.
Iyul'skaya ul.
Borovaya ul.
Barkhotskaya ul.
Komvuzovskaya ul.
Akademicheskaya ul.
Pervomaiskaya ul.
ul. Otdykha
Rybnaya ul.
ul. Novgorodtsevoi
ul. Syromolotova
ul. Vysotskogo
ul. Bychkovoi
Balkat'skaya ul.
Khrustal'naya ul.
General'skaya ul.
Bibliotech'naya ul.
ul. Butorina
Krasnyi per.
Grazhdanskaya ul.
ul. Antona Valeka
ul. Sakko & Vanstsetti
ul. Pirogova
ul. Kluchevskaya
ul. Barbyusa
Vstrechnyi per.
ul. Tveritina
ul. Chaikovskogo
ul. Tkachei
ul. Frunze
ul. Furmanova
ul. Shaumyana
sad
prud
cultura sports

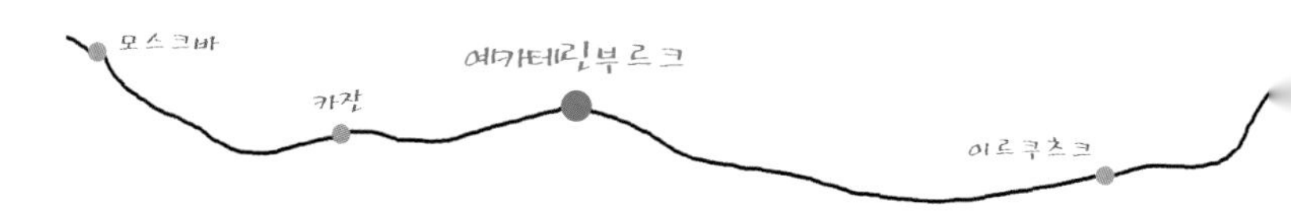


7월 7일 이제 예카테린부르크로 출발이다. 서울을 떠난 지 16일째다. 카잔에서 약 850km 정도로 13시간 정도 가야 한다. 요금은 6,957루블로 원화로는 125,000원이다. 기차가 새벽에 출발하여 잠시 눈을 붙이고 나니 아침이다. 티끌 한점 없이 눈부신 찬란한 아침을 초원에서 맞이했다. 7월이지만 이곳은 화창한 봄 날씨 정도로 선선하다. 철도 양편에는 하얀 나신을 드러낸 자작나무들이 끝없이 줄지어 서 있고 평원에는 수많은 들꽃들이 가득하다. 가는 봄이 아쉽기라도 하다는 듯이 앞다투어 아름다움을 맘껏 드러내고 있다.

카잔에서부터 예카테린부르크가 있는 우랄산맥까지는 끝없는 평원이 펼쳐진다. 칭기즈칸의 몽골인들은 우랄산맥을 넘어 끝도 없이 펼쳐지는 평원을 말을 달려서 카잔과 모스크바에 도달했을 것이다. 모스크바에서부터 우랄산맥이 나올 때까지는 산을 한 번도 본 적이 없다. 정말 끝없는 평원만이 이어져 있었다. 몽골리안들과 타타르인들이 말을 달리며 마음껏 누비던 그 평원이었으리라. 열차는 리듬을 맞추어 달리며 급할 것 없다는 듯 자연을 만끽하고 있다. 바람결

끝없이 펼쳐지는 평원의 자작나무와 들꽃들

은 선선하고 하늘은 유리알처럼 푸르다. 어린이날이 있는 우리의 5월 하늘처럼. 기차가 힘이 들면 가끔 간이역에서 쉰다. 쉬는 동안 손님들은 먹을 것 마실

기차가 쉬어 가는 간이역

간이역에 내리는 사람들과 쉬는 사람들

인기 라면 이름이
'도시락'이다

것을 산다. 나도 과일과 라면을 샀는데 라면의 이름이 '도시락'이다. 러시아 문자로 표시되어 있는 라면의 이름도 도시락인 것이다. 객차에는 손님들이 언제든 라면을 먹을 수 있도록 뜨거운 물이 준비되어 있다. 라면을 사서 뜨거운 물을 부으면 훌륭한 한끼 식사가 된다. 우리나라 라면이 도시락이라는 이름으로 이렇게 시베리아 횡단 열차 안에서까지 유명하다니 그저 놀라울 다름이다.

독일에서 왔다는 옆 칸의 중년 부부도 주변에 있는 아주머니들도 도시락 라면을 몇 개씩 준비했다고 자랑했다. 열차를 타고 가족들이 여행하는 모습들이 모두 여유롭고 평화롭다. 서두르는 사람들은 찾아볼 수가 없다. 국토가 넓은 나라에 사는 사람들의 성품일까? 수수하고 소탈하다. 러시아인들이 무뚝뚝하다고 말하지만 전혀 그렇지 않은 것 같다. 인정이 많고 다정다감한 것이 러시안들의 특징인 것 같았다.

예카테린부르크 시내 전경

우랄산맥을 가로지르는 고속도로와 끝없이 이어지는 침엽수림

예카테린부르크는 러시아의 영토를 최대로 넓힌 피터 대제의 부인 예카테리나 1세의 이름을 따서 만든 도시다. 피터 대제가 공업을 발전시키고 우랄산맥을 넘어 동방에 진출하려는 교두보로 만든 도시이다. 러시아에서 네 번째로 큰 도시이고 인구는 128만 명이며, 유라시아 중앙부에 위치하고 있다. 예카테린부르크는 대장장이의 마을에서 출발하여 우랄 지방 최대의 중공업 도시이자 행정의 중심지로 발전했다.

시베리아 고속도로와 철도가 지나는 중앙 러시아의 관문으로 지리적으로는 유럽과 아시아를 구분하는 우랄산맥의 동쪽 자락에 자리 잡고 있다. 북에서 남으로 뻗은 산맥 중 산 높이가 가장 낮고 구릉지가 많아 아시아에서 유럽으로 들어가기 쉬운 곳이기도 하다. 여기에 아시아와 유럽을 나누는 경계 기념탑이 서 있다. 기후는 대륙성 기후로 기상의 변동이 심하여 여름에는 덥고 겨울은 6개월이나 길게 계속되며 영하 35도까지 내려가는 혹독한 날씨이다. 이 지역은 타이가 지역에 속하여 침엽수림이 발달해 있다. 여름이 짧기는 하지만 여름은 선선하며 우랄산맥의 아름다운 들꽃과 숲으로 환상의 날씨를 보인다.

역사적으로는 러시아에서 가장 비극적인 현장이기도 하다. 1918년 러시아 볼셰비키 공산주의 혁명군들은 러시아의 로마노프왕가의 마지막 황제 니콜라이 2세 부부와 딸 등 가족 7명과 시종 4명을 상트페테르부르크 황궁에서 3,000여 km나 떨어진 예카테린부르크의 민가에 유폐시켰다가 황제를 구하러 온다는 소문이 들리자 민가 지하에서 황제 부부와 그 가족들과 시종 모두를 살해한 곳이기도 하다.

우선 역에서 멀지 않은 곳에 여장을 풀었다. 마린파크 호텔로 3성급 호텔인데 일박에 55,000원으로 가격에 비해서 훌륭했다. 사실 러시아가 우크라이나 사태로 루블화가 폭락하지 않았다면 10만 원선 호텔이긴 하다. 마침 호텔 옆에는 일식당까지 있어서 좋았다. 호텔 직원들은 그리 많이 볼 수 없는 동양인이라 그런지 상냥하게 맞아 주었고 영어도 훌륭했다. 체크인하면서 항상 거주 등록증을 요청하는 것이 번거로운 일이기는 했다. 혹시 돌아다니다가 경찰이 시비

역 앞의 마린파크 호텔

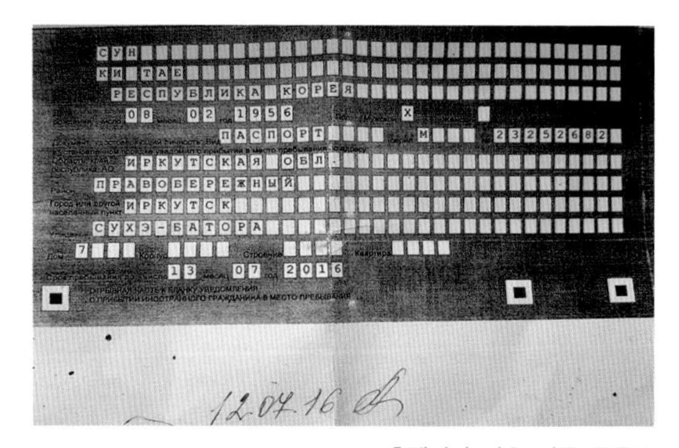

СУН
КИ ТАЕ
РЕСПУБЛИКА КОРЕЯ
08 месяц 02 год 1956
ПАСПОРТ М 23252682
ИРКУТСКАЯ ОБЛ.
ПРАВОБЕРЕЖНЫЙ
Район
Город или другой населенный пункт ИРКУТСК
СУХЭ-БАТОРА
Дом 7 Корпус Строение Квартира
13 месяц 07 год 2016
ОТРЫВНАЯ ЧАСТЬ К БЛАНКУ УВЕДОМЛЕНИЯ
О ПРИБЫТИИ ИНОСТРАННОГО ГРАЖДАНИНА В МЕСТО ПРЕБЫВАНИЯ
12.04.16

호텔에서 받은 거주 등록증

할까 봐 등록증을 요구했는데 사실 한 달 동안 여행하는 도중에 거주 등록증 보자고 한 경찰은 없었다. 거주이전의 자유가 없었고 철저히 통제된 공산주의 시스템의 잔재가 아직도 남아 있다니, 여행하는 동안 열심히 러시아어 읽는 공부를 해서 이제 웬만하면 간판이나 메뉴판을 읽을 수 있게 됐다. 언어가 너무 통하지 않고 답답하여 내가 우물을 팔 수밖에 없었다.

우선 오후 시간을 충실하게 보내기 위해서 시내 관광에 나서기로 했다. 호수공원을 중심으로 여러 가지 예술 조각 작품들과 기념 동상들이 있었다. 예카테린부르크가 낳은 세계적으로 유명한 음악가인 블라디미르 밀야빈의 동상도 있었고, 최초 영화를 제작한 동상도 있었다. 또한 처음 영화가 상영된 1895년의 모습들도 재현해 놓았다. 공산주의가 무너진 후 현대화에 따라 호수변에는 몇몇 호텔 등 큰 건물들이 들어서 있고 관광객들을 유치하기 위해서 도시 정비도 깔끔하게 하려고 노력한 흔적들이 보인다.

이 고장 출신의 유명한 기타리스트 블라디미르 밀야빈

시네마스코프 영화 박물관

증기 해머

증기 기관

우랄 지역 공업화의 핵심 장비들

북쪽으로 올라가니 우랄공업지대에서 쓰던 1900년 초의 육중한 기계설비들을 전시해 놓은 것이 재미있었다. 거대한 해머, 증기 터빈이나 전기로 돌렸던 거대한 기계들은 예카테린부르크에 불어닥친 산업화와 이 예카테린부르크가 러시아 중앙 우랄지역에서 공업지대의 중심지 역할을 했다는 것을 알 수 있다. 지금도 기계 공업이 전 생산의 절반을 차지하고 있고, 플라스틱·합성고무·건설자재·가죽·모직물 공업이 발달해 있고, 우랄 지방의 과학의 문화 중심지로 과학 아카데미 우랄지부 및 많은 연구소와 문화시설이 있다.

예카테린부르크의 명동거리

## 예카테린부르크의 명동거리

예카테린부르크의 명동거리인 우릿사바이네르에 가봤다. 날씨가 화창해서 거리는 무척 활발했다. 아마도 7월은 예카테린부르크의 최고의 날씨일 것이다. 거리에 여러 가지 재미있고 유머러스한 조각물들을 전시하여 유쾌한 분위기를 연출하고 있다. 외국인 관광객은 그다지 많지는 않았는데 그것은 아마도 예카테린부르크가 잘 알려지지 않았고, 러시아의 오지에 있어 아직 국제 항공사들의 취항이 많지 않기 때문인 것 같다. 이제 소문들이 나고 적극적인 관광객 유치가 시작되면 좋아지리라 생각된다. 할머니가 자선기금을 모으는 청년 동상에서 돈을 주섬주섬 걷어가는 장면이 이채롭다.

동상과 할머니

자동차 조형물

비틀즈 기념 무대

## 비틀즈 기념 무대

1960년대 세계가 비틀즈에 열광할 때 소련도 예외가 아니었다. 이런 러시아의 오지까지 비틀즈의 광풍이 있었다는 것이 놀라울 다름이다. 물론 소련에서는 자본주의 음악을 규제하고 있었기 때문에 젊은이들에 의해서 언더그라운드 음악으로 밖에 할 수 없었다. 그러나 젊은이들은 어떻게 해서라도 영국의 비틀즈의 판을 갖고 싶어 했고 비틀즈가 입고 먹는 모든 것에 열광하였다. 지금은 이 비틀즈의 기념 장소가 청소년들의 만남의 장소가 되고 관광객을 부르고 있는 것은 아이러니가 아닐 수 없다.

"THE LOVE YOU TAKE IS EQUAL
TO THE LOVE YOU MAKE"

"사랑하는 만큼
사랑 받는다"

무대 위에는 비틀즈 4인 멤버의 상이 있고, 오른쪽 벽엔 "사랑하는 만큼 사랑 받는다"는 멋진 글귀가 여러 색깔로 음악처럼 그려져 있었다. 취미로 밴드 활동을 하고 있는 나에게는 특별히 더 멋진 장소로 기억될 것 같다. 이런 데서 연주할 정도의 실력이 되어야 하는데 …

## ▎강변의 벼룩시장

높은 가공 수준의
혁대 및 선물들

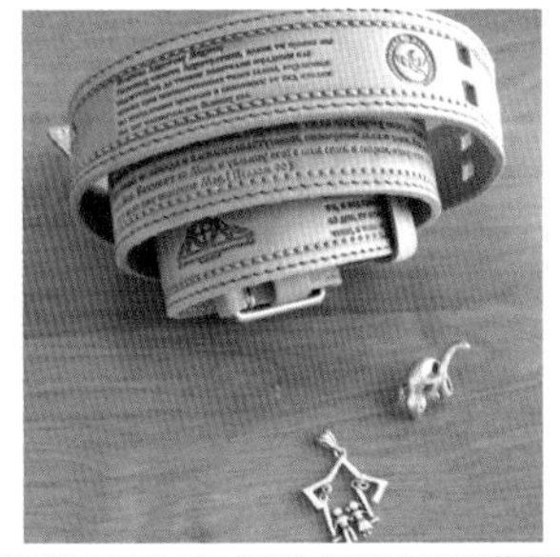

마침 강변에 벼룩시장이 열려 있어서 기념이 될 만한 것이 있는지 찾아보았다. 많은 사람들이 서로 흥정하며 여름을 만끽하고

강변 벼룩시장

있다. 잘 흥정하면 반값에도 살 수 있는 물건들이 많았다. 맘에 드는 물건들이 많이 있었는데 부피가 커서 가지고 다닐 수가 없어 사고 싶어도 살수가 없어 아쉬웠다. 가급적 부피가 덜 나가고 가벼운 액세서리 품목을 골라 샀다. 피혁과 금속가공이 유명한 곳이어서 아들의 혁대와 아내의 손 가락지, 딸의 목걸이를 샀다. 디자인도 이국적이고 미적 감각이 훌륭했다. 우랄 공업지대의 기술 수준은 상당한 것 같았다.

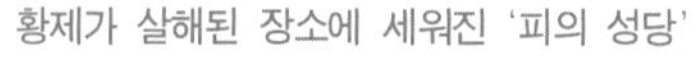

## 핏물 위에 세워진 정교회 성당

러시아 역사상 가장 비극적이고 부끄러운 사건 중의 하나가 1918년 예카테린

황제가 살해된 장소에 세워진 '피의 성당'

마지막 황제 니콜라이 2세와 가족이 감금되고 살해된 가옥

부르크에서 러시아 공산당이 그들의 마지막 황제였던 니콜라이 2세, 부인, 왕자와 네 공주 가족 7명과 시종 4명을 혁명위원회 사무실로 쓰던 이파티예프 저택의 지하실에서 무참하게 살해한 사건이다. 레닌공산혁명으로 황제는 1917년에 폐위되어 상트페테르부르크 궁전에서 3,000km 떨어져 있는 예카테린부르크의 저택에 유폐되어 있었는데 황제를 지지하는 백러시아 쪽에서 황제를 구하러 온다는 소식을 접한 공산당 혁명위원회가 후환을 남기지 않기 위해서 살해한 것이다. 훗날 기록에는 저항할 수도 없는 황제 부부와 어린 왕자와 공주들을 살해하는 순간의 장면이 그대로 기술되어 있는데 저택의 지하실은 피가 냇물처럼 흘러내렸다고 기술하고 있다.

니콜라이 2세 황제 가족들

그 후 85년이 흘러 러시아가 민주화된 이후 황제 가족들을 기리기 위해서 이 자리에 있던 저택을 허물고 정교회 성당을 지었다. 이 성당이 바로 핏물 위에 세워진 "피의 성당"이다. 레닌이 혁명을 시작했을 때는 그 이념은 지고의 선이었고, 황제와 부르주아는 세상에서 사라져야만 하는 악이었을 것이다. 혁명은 수많은 피를 부르며 황제와 러시아의 모든 것을 앗아갔다. 민주화된 지금은 혁명은 사라지고 광기에 쓸려간 아픔과 회한만이 남아 이 교회를 슬프게 비추고 있다.

탱크에 올라 쿠데타 세력에 대항하면서 민주화를 외치던 옐친

러시아 최초의 민선 대통령
보리스 옐친

## ▌공산혁명의 끝과 러시아 최초 대통령 보리스 옐친

레닌공산혁명 후 노동자가 주인이 되어 모두가 평등하게 살 수 있는 세상이 온 것이다. 모두 똑같이 일하고 필요한 만큼씩 가져가는 그런 사회를 꿈꾸며 열심히 일하였다. 그러나 겨우 반세기도 지나지 않아서 그것은 단지 이상이었다는 것이 드러났다. 어느 날부터 그 시스템은 작동되지 않았다. 개개인의 창의성은 말살되고, 인센티브가 없는 사회에서 생산은 늘어나지 않았고, 계급이 없다는 사회가 계급은 더 심화되어 독재화되기 시작했고, 인민의 배급은 계획대로 되지가 않았다. 게다가 미국과의 군비경쟁으로 나라는 파산 지경이서 더 이상 견딜 수 없게 되었다. 수십 년이 흐른 후에는 레닌이 주장하던 이상국가가 거대한 동물농장이 되어 버린 것이다.

그동안 미국과 서방은 자본주의를 끊임없이 개선해 나가면서 개인의 창의성에 기초를 둔 자본주의로 눈부신 발전을 이루어 냈다. 결국 소련은 1986년에 고르바초프 서기장은 대개혁과 개방을 단행했지만 공산주의자들이 이 조치에 반대하면서 쿠데타를 일으키고 고르바초프 서기장을 연금하자 이에 맞서서 탱크 위로 올라가 공산당의 친위 쿠데타를 막아낸 사람이 보리스 옐친이며 바로 이 사람이 여기 예카테린부르크 출신의 정치인이다. 러시아 1,000년 역사 중 처음 투표로 당선된 대표라고 재미있게들 얘기한다. 지금은 정권을 푸틴에 넘겨주었지만 오늘날 민주화된 러시아를 있게 한 장본인이다. 서방 언론에 비친 탱크 위의 용감한 그의 모습은 아직까지도 눈에 선하다.

## ▌예카테린부르크의 도시 현대화와 호수

러시아가 개방화된 후 예카테린부르크는 해외로부터의 투자 유치와 관광 활성화를 위해서 많은 노력을 기울이고 있다. 구소련 시절에는 이 우랄 공업지대가 공업의 핵심지였기 때문에 첨단 원천 공업 기술을 많이 보유하고 있다. 이의 활용을 위해서 해외와의 기술합작에도 열성적이다. 우리나라 수도권의 대학들도 우랄 대학과 학문과 기술의 교류를 활발하게 하고 있다. 아울러 도심을 흐르는 강을 정비하고 신도시 구역을 만들어서 도시 개발과 단장에도 힘을 쓰고 있는데 호수 주변의 현대화된 개발은 어느 서방국가 못지않다.

예카테린부르크 호수 아래로 흐르는 샛강 다리 위에 수많은 자물쇠들이 걸려 있다. 수많은 시민들이 오가면서 염원을 비는 난간이다. 러시아가 민주화된 이후에 치솟는 인플레와 자본주의 시스템의 미비로 많은 어려움이 있어왔는데 이제는 상당히 안정된 시장경제를 이루고 있지만 그래도 아직 개개인마다 염원하는 일들은 더 늘어나는 것 같기만 하다.

현대화된 도시와 호수

잘 정비된 강변 공원

극장의 다양한 프로그램들

극장 광고들

시내를 한바퀴 돌고 호텔로 돌아가는 중에는 자그마한 예쁜 극장들이 많이 눈에 띄었다. 예술을 사랑하고 즐기는 러시아 사람들의 전통을 잘 보여주고 있는 것 같았다. 이런저런 다양한 문화 프로그램이 많았는데 러시아어로만 되어 있어서 자세히 이해가 되지 않아서 안타까웠다.

## ❙ 타누끼 일식집

이제 시장기가 돈다. 호텔로 돌아가 아까 봐둔 타누끼라는 일식집에서 저녁을 먹을까 해서 발걸음을 재촉했다. 식당에 들어서니 손님을 받는 직원들이 영어를 못해서 모두 머뭇거렸다. 그중 한 명이 쭈빗쭈빗하면서 다가왔다. 식당 내에서 유일하게 영어를 하는 직원이었다. 일식집이었지만 일반 러시아 전통음식도 있었다. 아무래도 이 깊은 내륙에서 생선을 먹는 것이 좋지 않을 것 같아서

돼지 감잣국과 밥 그리고 맥주와 안주가 될 만한 케밥을 시켰다. 서빙직원의 이름은 예카테리나라고 한다. 그럼 예카테리나 여왕하고 이름이 똑같네 그랬더니 맞다고 했다. 대화가 조금씩 되어 긴장감이 가시자 예카테리나는 "오늘 어디 구경했냐"고 물어왔다.

비틀즈 기념 장소 등 오늘 찍은 사진들을 보여줬다. 예카테리나는 한국과 일본에 대해서 호기심이 아주 많았다. 서울의 경치와 분당 탄천변에 있는 꽃들 사진을 보여주니 마냥 신기해했다. 이 호텔엔 중국 단체 관광객들이 오곤 하는데 본인의 영어실력을 발휘하고 싶어도 영어를 하는 중국인들이 별로 없기 때문에 처음 내가 식당에 들어갔을 때 말이 통하지 않을 것 같아서 긴장되었다고 한다.

자신은 내년에 우랄대학에 가려고 일을 하고 있다는데 방학 동안 아르바이트를 하고 있다고 한다. 직장을 다니다가 늦게 대학을 가나 생각했는데 문득 방학이라고 해서 그럼 학생이라는 거냐고 물어봤더니 16살의 고3 수험생이라는 거였

타누끼 일식집에서 아르바이트하는 대학생

다. 나에게는 26살 정도로 돼 보여 웃었다. 우랄대학은 러시아의 톱 클래스 대학으로 공업대학으로 유명하며 우리나라 대학들도 자매결연 등을 맺고 있는 대학이기도 하다.
러시아 청년들의 삶에 대해서 관심이 있어서 이것저것 물어보았다. 하루 12시간씩 일하고 한 달 급여는 겨우 우리나라 돈 15만 원 정도라 해서 깜짝 놀랐다. 대학의 수업료는 한 학기에 250만 원에 달해서 장학금을 받지 않으면 대학 가기가 어려운 모양이었다. 공산혁명이 일어난 지 100년이 지났지만 러시아 민중들의 삶은 그다지 달라진 것은 없는 것 같다. 일부 계층은 예나 지금이나 어렵지만 잘 사는 부류들도 꽤 있는 것 같기도 하다. 7월은 관광을 한창 할 시즌인데 호텔이나 식당에 외국 관광객들은 보이지 않는 것 같았다. 예카테린부르크는 우랄산맥이라는 자연환경, 러시아의 역사에서 차지하는 위치, 경제 및 문화적으로 훌륭한 관광자원을 가지고 있을 뿐만 아니라 중국과도 가까워 좋은 관광 여건을 가지고 있다. 가능성이 아주 높은 도시임에도 불구하고 관광 마케팅 등 아직 자본주의 연습이 덜 된 듯하다.

## 우랄산맥과 유럽-아시아 경계 기념탑

우린 중고등학교 시절부터 우랄이란 말은 많이 들어왔다. 우리 언어가 우랄 알타이어족에 속한다든가 또는 우랄산맥이 동양과 서양을 가르는 경계선이 된다든가 하는 우랄이란 말을 많이 들어왔다. 어쩌면 우리의 멀고 먼 조상들이 이 산맥 부근에서부터 출발하여 몽골의 초원을 지나서 한반도에 들어온 것일지도 모른다. 어릴 때부터 꼭 가보고 싶은 곳 중의 하나였다. 이제 그곳에 갈 수 있게 되었다니 정말 감격스러운 일이 아닐 수 없다. 호텔 내의 여행사에 가서 우랄 관광 프로그램이 있는지 물어볼까 해서 갔는데 여행사는 문이 잠겨

아시아와 유럽의 경계탑

남북으로 뻗은 우랄산맥 지도

있었다. 20여km나 된다 하니 택시를 탈 수도 없고, 더구나 택시 운전사들과는 언어소통이 안 되어 설명을 할 수가 없었다. 영어가 통하지 않아 어찌할 도리가 없어 답답했다.

할 수 없이 호텔 직원에게 갔다. 이름이 소냐였다. 아시아 유럽 경계 기념탑에 가고 싶은데 좋은 방법이 있냐고 물어봤다. 소냐는 적당한 방법은 없고 자기가 비번일 때 아빠 차를 가지고 와서 안내해 줄 수 있다고 했다. 그러면 40유로를 줄 테니까 내일 아침에 와서 픽업해서 우랄산맥과 아시아 유럽 경계탑을 보여 달라고 부탁했다. 소냐는 무척 쾌활하고 활달해서 거침이 없었다. 마침 자기가 크로아티아에 여행을 가야 하는데 돈도 좀 필요하고 해서 돈을 벌어야 한다고 했다. 어찌 됐든 행운이었다. 못 보고 가면 어쩌나 하고 걱정했던 일이 일거에 해소된 것이다.

마을신앙인 서낭당

소냐네 별장

아시아와 유럽의 경계탑과 소냐

다음 날 소냐는 아버지 SUV 차량을 가지고 왔다. 어찌나 말이 많은지 귀가 따가울 정도로 정말로 말을 쉬지 않고 끊임없이 해댔다. 여기도 아침에는 트래픽이 있어서 1시간 정도 달려서 도착했다. 러시아어로 흰 굵은 선을 사이로 좌측에는 아시아, 우측에는 유로파라고 써 있다.

숲속에는 서낭당이 있었는데 여행의 안전을 기원하는 헝겊 조각들과 돌멩이들을 쌓아 올려놓은 것이 영락없이 우리가 어렸을 때 마을의 뒷산 고개에 있었던 서낭당 하고 똑 같아서 깜짝 놀랐다. 어딘가 같은 몽골 족으로 서의 연길 고리가 있지 않을까 생각했다. 먼 길을 가는 여행자들은 여기 서낭당에다 돌멩이를 얹으면서 여행의 안전을 빈다는 것이다.

우랄산맥 북쪽에 있는 산과 호수

여름의 이반차이꽃으로 가득한 보랏빛 평원

러시아의 중앙을 남북으로 길게 갈라놓고 있는 우랄산맥은 북쪽과 남쪽 일부분에서는 험준한 산악지형이 있는데 예카테린부르크 부근에서는 야트막한 구릉지와 울창한 타이거 삼림지역으로 이루어져 있다. 이 우랄산맥의 평탄한 구릉지를 통해서 아시아와 유럽을 연결하는 통로가 지나가고 있다. 몽골에서 유럽으로 옛날에는 그 반대로 문화가 동양으로 들어오는 곳이기도 했다. 숲으로 깊숙이 들어가니 산기슭 평원에는 여름 들꽃 이반차이가 보라색의 바다를 이루고 있었다. 소냐는 자기가 어릴 때 살던 오두막집도 보여주겠다고 데리고 갔다. 소냐가 아니었으면 우랄산맥 구경을 하지 못했을 것 같다. 운이 정말 좋았다.

# 8

# 이르쿠츠크

Courtyard by Marriott
Irkutsk City Center
Courtyard Irkutsk
City Center
ул. Чкалова
Glazkovskiy Most
Глазковский Мост
Trampoline Park Royal
Батут Парк Царский
오락실
Skver Im.
Kirova
Сквер им.
Кирова
Irkutskiy Tsirk
Иркутский цирк
서커스
Sezon
Сезон
쇼핑몰
Muzey Svyazi
Музей связи
Pamyatnik Turistu
Памятник Туристу
Slata
Слата
슈퍼마켓
Tsentral'
Иркутский областной
художественный...
ул. Ленина
Ulitsa Gor'kogo
Karl Marx St
Kiyevskaya Ulitsa
Ulitsa Gryaznova
Ulitsa Lapina
Marata St
Rossiyskaya Ulitsa
Ulitsa Sverdlova
Armii 5th St
Hotel Irkutsk
Иркутск
안가라강
이르쿠츠크역
Иркутск
ulitsa Chelnokova
Profsoyuznaya St
ул. Челнокова
ул. Пушкина
ул. Шмидта
Ostrov
Sibirskiy
Остров
Сибирский
레닌 동상
Памятник В. И. Ленину
Тальцы,
архитектурно...
bul'var Gagarina
트루드 스타디움
ДС Труд
알렉산드르 3세 동상
Памятник
Александру III
130 Kvartal
130 Квартал
Ulitsa Kommunarov
Grove
Zvezdochka

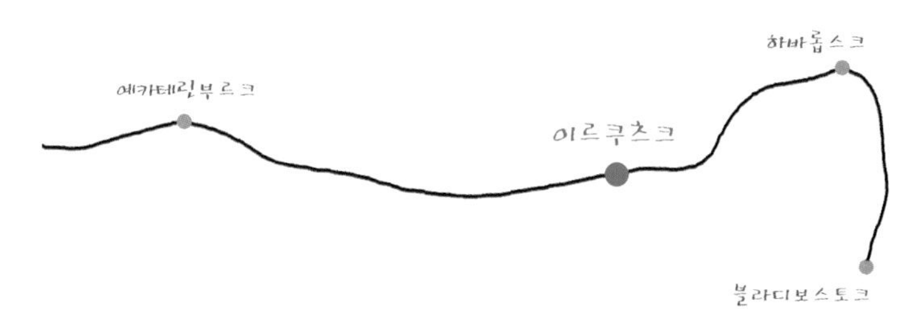


예카테린부르크를 뒤로 하고 이르쿠츠크로 출발한다. 그동안은 제일 긴 여정은 850km 정도로 기차 안에서 1박을 한 후 일어나면 도착할 수 있는 거리였지만 이번엔 그렇지 않다. 3,000km가 넘는 거리로 꼬박 48시간의 이틀 밤과 낮을 기차에서 보내야만 갈 수 있다. 이틀 밤과 낮을 꼬박 기차에서 보낸다는 것은 쉽지 않을 것 같다. 이제 시베리아 횡단 열차의 진수를 보여주는 코스라고 할까? 인내심이 필요하다.

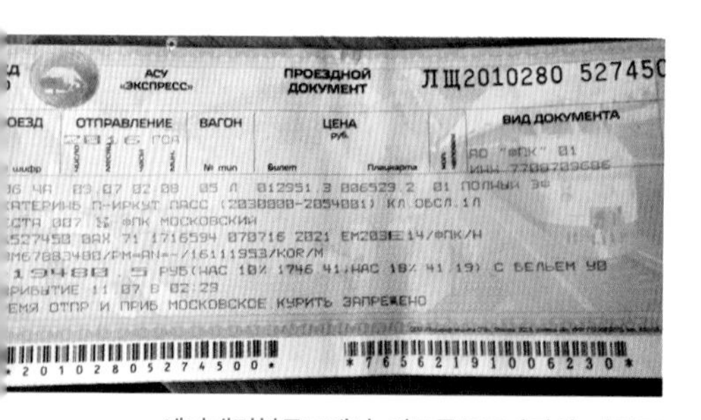


예카테린부르크에서 이르쿠츠크까지의 기차표

열차표를 보면 예카테린부르크역에서 7월 9일 새벽 2시 8분에 출발 이르쿠츠크에 7월 11일 새벽 2시 29분에 도착하는 것으로 되어 있다. 기차표에 찍혀 있는 시간은 모스크바 시간 기준이므로 예카테린부르크에서는 모스크바보다 2시간이 빠르므로 새벽 4시에 출발해서

러시아의 13개 구역 Time Zone

이르쿠츠크는 모스크바보다 5시간이 빠르니까 아침 7시 29분에 도착하는 것이다. 모든 열차 시간표는 모스크바 시간 기준으로 되어 있기 때문에 현지 시간으로 착각을 하면 큰 낭패를 보게 될 수도 있다. 러시아의 기준 시간대가 11시간이나 차이가 나 외국 여행자들은 무척 혼란스러워한다. 1등석인데 가격은 19,480루블로 우리나라 돈으로 환산하면 약 36만 원 돈이다.

이르쿠츠크에 가면 우리 민족의 발원지일지도 모르는 바이칼 호수를 볼 수 있다. 바이칼 호수 주변에 사는 민족들 중 특히 브리야트라족은 우리들하고 생물학적인 DNA가 아주 유사하다고 한다. 브리야트족에 대한 내용은 방송에 많이 나온 바 있다. 외모 생김새뿐만 아니라 주술적인 무당의 전통도 우리하고 상당히 닮아 있다는 것이다. 새벽에 탄 기차는 눈을 잠깐 붙이자 곧 먼동이 터오기 시작했다. 기차는 지치지 않고 끊임없이 달렸다. 우랄산맥에서 이르쿠츠크까지는 끝이 없는 평원으로 산은 거의 찾아볼 수가 없었다. 아마도 몽골인들이 말을 달려 서쪽으로 서쪽으로 이동했던 그 평원일 것이다. 몽골인들은 다시 우랄산맥을 넘어 유럽의 우크라이나와 헝가리까지 이동한 것이다.

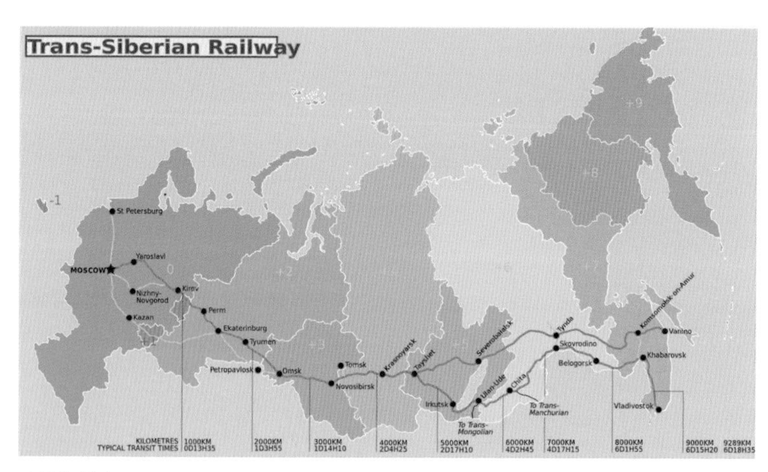


바이칼 Train

끝없이 이어지는 평원과 자작나무

7월의 러시아 대평원은 찬란하다. 비가 거의 없고 쾌적하며 선선한 기후다 정말 오염되지 않은 투명한 기후다. 철로변의 수많은 종류의 들꽃들이 여행객들을 환호하며 맞이하고 있다. 러시아의 여인들처럼 하얀 피부를 가진 자작나무들도 철로변에 열지어 나신을 뽐내고 있다.

기차는 아침 일찍 앙가라 강변역에 도착했다. 역 밖으로 나오자 택시운전사들이 서로 태우겠다고 달려든다. 예약된 앙가라 호텔까지는 3km 정도 거리여서 그냥 걷기로 했다. 앙가라 강의 다리를 건너 시내로 들어가면서 구경도 할 겸해서이다. 앙가라 다리에서 바라다 보이는 이르쿠츠크 시내의 풍경은 평화로워 보였다. 앙가라 강은 이르쿠츠크 시내를 동에서 서로 흐르는 아름다운 강이다. 강물은 바이칼 호수로부터 흘러나와 앙가라 시내를 관통해서 흐르고 난 다음 시베리아를 거쳐서 북극해로 흘러간다.

앙가라 강변

이르쿠츠크역

## ▍이르쿠츠크 역사

유럽 국가들에게 러시아의 밍크모피는 대단한 인기가 있었다. 당시 수출품이 변변치 않았던 러시아는 코자크족을 앞세워 시베리아로 진출하여 밍크를 잡았는데 이르쿠츠크는 모피를 찾아 시베리아로 진출하던 코자크족 기병대의 군주둔지에서 출발해 모피산업이 번창하게 되자 1600년 중반에 세워진 도시이다. 동상은 특정한 인물을 기념한 것이 아니고 코자크 기병대의 일반적인 모습으로 이르쿠츠크의 개척자로 상징된 코자크족 기병대들을 기념하기 위하여

강변 공원의 코자크족 동상

코자크족의 전사 모습들

세워진 것이다. 장총, 칼, 수류탄, 가방과 군화로 완전 무장한 용맹한 코자크족의 기병대 모습이 생동감 있게 잘 표현되어 있다. 영화 "대장 부리마"에서 폴란드와 싸우던 배우 토니 커티스의 모습을 연상하게 한다. 코자크족은 밍크를 사냥하기 위하여 동쪽으로 이동하고 이동하다 이르쿠츠크와 극동의 블라디보스토크까지 다다르게 된 것이다.

이 코자크족 기병대는 훗날 아무르강에서 청나라와 국경 문제로 대치하게 되는데 청나라가 총으로 무장한 코자크족을 당할 수 없게 되자, 청나라의 강희제는 조선의 효종에게 조총부대 지원을 요청하였다. 효종은 두만강 부근에 주둔시켰던 조총부대 200여 명을 2차례에 걸쳐 우수리강까지 출병시킨 바가 있다. 조선의 조총부대는 잘 싸워 코자크족들을 물리쳤고 희생자는 없었다고 역사에 기록되어 있다. 효종이 청나라에 무릎을 꿇은 병자호란의 치욕을 설욕하기 위해 준비했던 정예의 조총부대를 청나라를 위해 지원해야 했던 약소국 역사의 한 장면이기도 했다.

러시아는 코자크족의 용맹함을 잘 활용하여 세금과 농노제도를 면제해주는 대신에 군에 편입시켜 이들을 앞세워서 모피산업과 극동 진출을 꾀했으며 이들은 광속과 같은 속도로 토착민이 많이 살지 않던 야쿠츠크, 사할린, 오호츠크해 등 지금의 연해주 지방을 석권할 수 있게 된 것이다. 이르쿠츠크 거리에 가면 화가들이 이들 코자크족 기병들이 사할린을 개척해 나아가는 장면의 그림들을 인기있는 그림으로 팔기도 한다.

이르쿠츠크는 인구 약 60만 정도의 도시이다. 처음에는 시베리아에 있는 도시이기 때문에 예술과 문화 같은 것은 거의 없는 도시가 아닐까 생각했는데 큰 착각이었다. 이르쿠츠크는 중부 시베리아의 중심도시로서 정치, 경제뿐만

이르쿠츠크의 압구정 울리사 거리

울리사의 식당 및 커피숍 거리

이르쿠츠크의 명동 거리

아니라 교육과 예술의 중심지였다. 이르쿠츠크는 "동양의 파리"라는 별명을 가지고 있는데 그 배경이 재미있다. 1800년대 나폴레옹과의 전쟁에서 승리한 러시아 군대가 파리에 입성했을 때 젊은 장교들이 파리의 발전한 정치, 문화 시스템을 보고 러시아의 봉건적 제도의 개혁을 알렉산더 1세 황제에 요구하며, 반기를 든 것이 "데카브리스의 반란"이라고 하는데 이를 진압한 후 알렉산더 황제가 대부분의 장교들과 가족들을 당시 러시아의 가장 춥고 오지인 이르쿠츠크로 추방을 한 것이다. 훗날 이 수준 높은 장교들과 귀족 출신들의 장교 부인들이 파리에서 경험한 것을 바탕으로 하여 높은 문화와 예술을 꽃피우게 되는데 이것으로 인하여 생긴 별명인 것이다. 자유분방하며 감각 있는 울리사 거리는 예술성이 넘쳐나는 거리였다. 시베리아인지 유럽인지 구별이 안 되었다.

현지인들의 소박한 옷차림

시내 메인 거리인 디제르딘스코 거리도 자유롭고 활발함으로 가득했다. 중국반점이라고 간판을 붙인 식당에서는 카페도 하고 중식, 일식도 같이하는 퓨전 식당의 간판이 이채롭다. 중국이 가까워서인지 중국 관광객들이 많이 오고 있는 것 같다.

이채로운 퓨전 중국 음식점

## ▌초기 개척시대 건축물들

시내에는 1600년대에 모피산업 종사자들과 함께 중앙 정부에서 추방되거나 유배된 사람들이 초기에 목조로 이은 주택이 남아있고, 이후 도시화가 진행되면서 무역으로 부를 축적한 사람들이 지은 고급스러운 주택들도 세월을 견디며 아직도 잘 보존되어 남아있다.

17세기 개척 초창기의 오두막집

근대의 일반 중산층 집

18세기 부를 축적한 유력자의 저택

앙가라 강변의 에피파니 성당

## 에피파니 성당

앙가라 강이 내려다 보이는 곳에 지어진 에피파니 성당(Cathedral of the Epiphany)은 말로 다 표현할 수 없을 정도로 아름답다. 정교한 황금 돔과 철탑 십자가, 하얀 종탑과 벽, 자주색 코너가 굽이쳐 흐르는 앙가라 강과 야트막한 구릉을 배경으로 어울려 탄성을 자아내게 한다. 개척시대에는 대부분이 목조 건물이었던 이르쿠츠크에서 몇 안 되는 석조 건물 중의 하나였고 이 덕에 이르쿠츠크의 대화재로부터 살아남은 유일한 건축물 중의 하나라고 한다. 또 종탑이 뾰쪽한 각진 뿔 형태이고 처마가 있는 것도 특이하다.

강변 공원에서 저녁노을에 바라본 성당

성당 내부의 화려한 색채

벽과 기둥까지도 화려하게 장식됨

건축의 양식은 타타르스탄의 카잔성 건축물을 빼 닮았다. 타타르와 터키, 동서양의 오묘한 영향을 받은 건축물이다. 특히 성당 내의 벽화도 화려하고 채색이 아름답기로 유명하다.

## 황제 알렉산더 3세

앙가라 강이 접한 공원광장에는 황제 알렉산더 3세의 동상이 우뚝 서 있다. 시베리아 철도 건설의 장본인이다.
철도 건설은 1861년에 시작되어 구간을 여러 개로 나누어 공사를 진행하였다. 시베리아 횡단 열차는 동으로는 블라디보스토크의 태평양에서 서쪽으로는 상트페테르부르크의 발틱해까지 연결되는 중국의 만리장성 공사를 훨씬 뛰어넘는 인류역사상 최대 토목 인프라 공사다.

횡단 열차 공사를 시작한 알렉산더 3세 동상

모스크바에서 블라디보스토크까지 9,334km가 공식거리이지만 상트페테르부르크까지 연결된 것을 감안한다면 1만km가 넘는 길이 이다. 역만 해도 850개가 되고 간이역까지 하면 더 많다. 밤낮을 쉬지 않고 열차를 달려도 7박 8일이 걸리는 거리의 철도 공사였다.
알렉산더 3세는 프랑스에서 대규모 차관을 들여와 기존 우랄산맥까지 놓여 있던 철도를 연장하여 블라디보스토크까지 연결을 완성한다. 이것이 시베리아 횡단 열차의 노선이다. 그의 아들 니콜라이 2세를 공사 추진 위원장으로 임명하여 철도공사를 진행하였다. 1904년에 공사를 일단 완료하였다. 철도를 직선화하기 위하여 청나라로부터 할양받은 토지에 건설한 만주 구간이 있었는데, 러시아가 1905년 러일전쟁에서 패한 후 일본이 청나라로부터 만주 지방을 할양받게 될 것이 우려되자 알렉산더 3세는 다시 러시아 영토 내로만 철도를 건설하여 1916년에 최종적으로 완성하게 된다. 아버지 뒤를 이은 니콜라이 2세는 그의 업적도 제대로 평가받지 못한 채로 철도 공사가 완성된 이듬해인 1917년 레닌의 공산혁명으로 예카테린부르크에 유배되었다가 가족과 함께 공산 혁명군에 의하여 살해되고 말았다.

## 바이칼호

내일은 시베리아의 진주라는 신비의 호수 바이칼호에 간다. 바이칼호에 가려면 이르쿠츠크 시내에서부터 앙가라 강을 68km 상류로 거슬러 올라가서 리스비앙카라는 관광도시까지 가야 한다. 거리가 상당해서 호텔 앞에서 바로 택시를 탈 경우 요금도 가늠이 안 되고, 또 상당한 요금을 지불해야 할 것 같아 호텔 내의 여행사에 문의를 했지만 안내가 신통치 않았다. 시외버스를 타고 가기로 하고 이르쿠츠크 시외버스장으로 갔다. 리스비앙카 시간표를 보고 있는데 차 키를 든 할아버지가 다가온다. 어디 갈 것인지 짧은 영어로 물어본다. 서툰 영어라도 할 수 있는 사람이 있으니 반갑다. 리스비앙카라고 얘기하니 자기가 차가 있는데 20유로만 주면 가겠단다. 잘됐다 싶어 그럼 50달러를 줄 테니까 왕복으로 태워주고 바이칼 박물관, 리스비앙카 시장, 바이칼 호수 구경까지 안내해줄 수 있냐고 물어보니 흔쾌히 받아들였다. 버스 타러 온 손님에게 접근하여 일당만 나오면 흡족하다는 표정이다.

막상 차를 타고 보니 30년도 더 되어 보이는 볼보 차인데 걱정이 되었다. 좀 덜덜거렸지만 바이칼호까지 가는 데는 문제가 없을 것 같긴 하다. 운전사는 만 60세라는데 무척 나이가 들어 보였다. 러시아의 경제 사정이 좋지 않은데다

'시베리아의 진주'라는 바이칼 호수의 지도

가 아이들도 많아 일을 해야 한다는 것이다.

바이칼호는 애칭도 많다. '성스러운 바다', '세계의 민물 창고', '시베리아의 푸른 눈'으로도 불린다. 특히 시베리아의 오지에 묻혀 있고 인간의 손길이 닿지 않아서인지 지구상에서 가장 깨끗한 물로 남아 있다.

호수의 넓이는 세계에서 일곱 번째이지만, 깊이는 1,621m로 세계에서 가장 깊으며, 주변은 2,000m급의 높은 산으로 둘러싸여 있다. 바이칼호에는 전 세계 민물의 1/5이 담겨 있다고 한다. 바이칼호의 표면적은 북아메리카 5대 호의 13% 밖에 안 되지만 물의 양은 5대 호를 합친 것보다 3배나 더 많다는 것이다.

바이칼 호수의 신비한 모습

바이칼호에는 300여 개의 작은 강에서 물이 흘러들어 채워지고 있지만, 물이 빠져나가는 곳은 오직 앙가라 강뿐이다. 이 물은 예니세이 강으로 합류되어 북극해로 흘러든다. 바이칼호에는 2,500여 종의 동식물이 사는데 이 중 상당수가 이 호수에만 사는 고유종이다. 세계 유일의 민물 바다표범을 비롯해 철갑상어, 오믈, 하리우스 등의 어종이 이곳에 서식한다. 이처럼 생물 다양성이 높은 것은 바이칼호가 생성된 지 오래됐고, 일반적인 호수와는 달리 수심이 깊은 곳까지 산소가 잘 공급되는 자체 정화 능력이 뛰어나기 때문이다. 참으로 지구가 가지고 있는 보물이 아닐 수 없다. 러시아는 심해 잠수정까지 동원해서 바이칼호의 연구를 철저히 하고 있다.

바이칼호는 아직까지 우리에게는 이름으로만 알려져 있지만 그곳에 우리 민족의 뿌리가 숨어 있을지도 모른다. 바이칼호 주변에는 여러 소수 민족들이 있는데, 그중 대표적인 브리야트족은 인구 40만의 소수 민족으로서 자치 공화국을 이루어 살고 있다. 이들은 우리의 '선녀와 나무꾼'과 같은 설화를 갖고 있고, 특히 그들이 간직한 샤머니즘의 원형은 우리 민속과 비슷한 점이 정말 많다. 무당들은 음식과 술을 사방으로 뿌려 신에게 대접하는 고수레 의식이 있고 나머지 술은 자신이 마신다. 호수 주변에도 여기저기 나무에 오색 천조각을 둘러놓은 것을 볼 수 있는데 이것은 옛날 우리 시골의 산고개나 모퉁이의 서낭당과 아주 비슷하다. 여기서 사람들은 바이칼호를 향해 바라보

브리야트족의 고수레 의식

북을 치는 무당

바이칼 호수 주변의 서낭당

며 각자 소원과 안녕을 비는 것이다. 또 브리야트족도 우리의 '개똥이'처럼 아기에게 천한 이름을 지어 주어야 오래 산다고 믿어 '개'란 뜻의 '사바까'란 이름이 흔하다고 한다. 아기를 낳으면 탯줄을 문지방 아래 묻는 전통도 우리와 비슷하다. 함께 따라서 추는 춤은 강강술래와 비슷하며, 예전의 샤먼이 썼던 모자는 사슴 뿔 모양으로 신라의 왕관과 비슷하다. 무당이 잡는 신장이란 나무 막대기도 비슷하다.

## 바이칼호 박물관

첫 번째로 가야 할 곳이 바이칼호 박물관이다. 박물관은 바이칼호가 시작되는 곳에 있었다. 리스비앙카 시내가 막 시작되기 전에 바이칼호가 내려다 보이는 곳에 있는 이 박물관에는 바이칼이 가지고 있는 모든 동식물

호수 심해 탐사선 모형

호수에 서식하는 각종 생물을 사진으로 전해 놓은 것

바이칼 호수에서만 사는
독특한 민물 표범

바이칼 눈표범

바이칼호의 생선

과 어류자원 탐사 장비 및 내용에 관한 모든 것이 있다. 특히 1,600m가 넘는 깊이를 탐사하기 위해서는 심해 잠수정이 필요한데 이 심해 잠수정 모형이 탐사선과 함께 진열되어 있었다. 동물 자원 중 특이한 것은 바다표범이었는데 이 바다표범은 지구상에서 유일하게 민물에 사는 바다표범으로 바이칼호에서만 산다.

바이칼호 주변의 동식물자원을 사진으로 찍어 전시해 놓았는데 계절이 바뀜에 따라 찍어 놓은 사진들은 오염되지 않은 바이칼의 자연 환경과 아름다움을 잘 보여주고 있었다. 바이칼호의 풍부한 어족 자원은 주변에 사는 주민들에게 풍요한 삶을 제공하고 있다. 눈표범 역시 바이칼에 사는 희귀한 표범으로 호랑이와 표범의 중간 정도로 보였다. 주민들은 리스비앙카 시장에서 잡은 물고기를 자원으로 생계를 유지하는데 이런 박물관이나 물고기 산란 보육시설은 주민들의 삶을 위하여 아주 중요한 역할을 하고 있다.

이제 리스비앙카 휴양지로 가서 바이칼호의 맑고 깨끗한 물에 손을 적셔 보자. 점심도 먹어야 하니까 운전사 빅토르는 차를 안전한 곳에 세워놓고 해변으로 나왔다. 가족단위가 삼삼오오 모여 바이칼호 해변에 앉아 가지고 온 것을 먹기도 하고, 일광욕을 하기도 하였다. 청명한 햇볕 아래 온통 즐거운 분위기였다. 해변에는 관광용 보트들이 손님들을 기다리고 있다. 러시아에서는 겨울이 길어 햇볕이 부족하기 때문에 여름에 햇볕을 쬐지 않으면 비타민 D 부족으로 여러 질병이 생길 수 있다. 그렇기 때문에 여름 동안 일광욕을 충분히 하여야 한다. 바이칼호의 물은 손을 미안할 정도로 맑고 깨끗하다. 시원한 물에 손을 담그던 순간 그 희열은 어느 것과도 비길 수 없었다. 우리의 오랜 조상의 뿌리가 여기에 있었을 수도 있다! 그리고 내가 그 머나먼 뿌리를 찾아서 수천 킬로를 돌아서 찾아왔다니 가슴이 뿌듯했다!!

바이칼 호수의 맑은 물

호수의 보트와 여름 햇볕을 즐기는 사람들

이미 점심 때가 지났으니 시장기가 들었다. 시장에 가서 리스비양카의 맛있는 음식을 먹을 차례다. 시장에 들어서니 온갖 먹을 것이 다양하게 있다. 특히 바이칼호에서 나오는 생선들이 가득했다. 말린 것, 훈제한 것, 소금에 절인 것 등 생선 종류도 다양했다. 시장은 관광객들로 붐빈다. 식당 주인이 한국말로 '감사합니다'라고 해서 깜짝 놀랐다. 시장통 입구에 있는 아주머니는 동네 아주머니처럼 반갑게 맞아 주었다. 생선 좀 사라는 뜻이겠지. 빅토르에게 맛있는 생선이 뭔지 좀 사자고 하니까 꽁치만 한 훈제 생선을 가르쳐 줬다. 바이칼호에서 많이 잡히기도 하고 여기 사람들이 많이 먹는 맛있는 생선이라고 한다. 맥주 안주로 좋을 것 같아 3마리를 샀다.

바이칼호 도시 리스비양카의 시장

운전사와 같이 한 컷

생선 장수 아주머니와 한 컷

주인이 사진도 찍어 달라 해서 다정하게 한 컷.

생선을 사 가지고 케밥 파는 옆집 식당으로 갔다. 주인은 한국사람을 많이 받아봤는지 벌써 '감사합니다'를 외치면서 자기 식당으로 오라고 한다. 케밥과 볶음밥이 맛있게 생겨 그 식당으로 들어갔다. 맥주에 곁들여 먹는 케밥과 생선의 맛은 꿀맛이었다. 빅토르는 알고 보니 나와 나이가 같았다.

바이칼호에서 난 말린 생선에 맥주

나보다 10살은 많아 보였는데 일찍 결혼해서 애들 여럿을 키우다 보니 늙었단다. 공산주의가 무너지고 사회의 혼란기에 살면서 고생을 많이 한 것 같았다.

영원히 정지된 것 같은 바이칼호의 평화로움은 인간사의 모든 번뇌에서 나를 해방시켜주는 듯하였다.

신비함을 간직한 호수

한없이 투명하고 영원할 것 같은 바이칼

# 9

# 하바롭스크

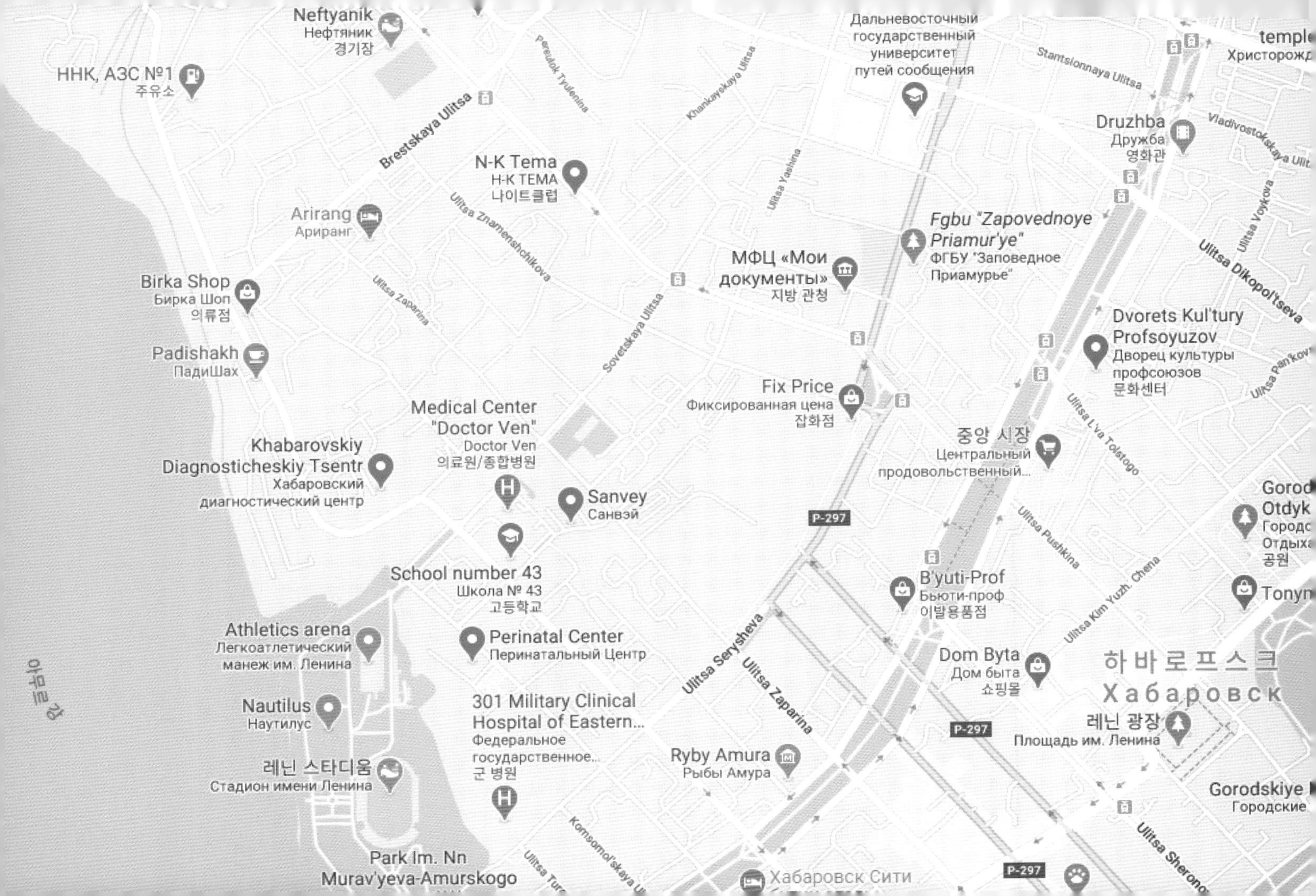

Neftyanik
Нефтяник
경기장
ННК, АЗС №1
주유소
Brestskaya Ulitsa
Pereulok Tyulenina
Khankayskaya Ulitsa
Дальневосточный государственный университет путей сообщения
Stantsionnaya Ulitsa
Druzhba
Дружба
영화관
Vladivostokskaya Ulitsa
N-K Tema
Н-К ТЕМА
나이트클럽
Ulitsa Yashina
Ulitsa Voykova
Arirang
Ариранг
Ulitsa Znamenshchikova
Fgbu "Zapovednoye Priamur'ye"
ФГБУ "Заповедное Приамурье"
МФЦ «Мои документы»
지방 관청
Ulitsa Dikopol'tseva
Birka Shop
Бирка Шоп
의류점
Ulitsa Zaparina
Sovetskaya Ulitsa
Dvorets Kul'tury Profsoyuzov
Дворец культуры профсоюзов
문화센터
Padishakh
ПадиШах
Fix Price
Фиксированная цена
잡화점
Medical Center "Doctor Ven"
Doctor Ven
의료원/종합병원
중앙 시장
Центральный продовольственный...
Ulitsa L'va Tolstogo
Khabarovskiy Diagnosticheskiy Tsentr
Хабаровский диагностический центр
Sanvey
Санвэй
P-297
Ulitsa Pushkina
School number 43
Школа № 43
고등학교
B'yuti-Prof
Бьюти-проф
이발용품점
Ulitsa Kim Yuzh. Chena
Athletics arena
Легкоатлетический манеж им. Ленина
Perinatal Center
Перинатальный Центр
Ulitsa Serysheva
Ulitsa Zaparina
Dom Byta
Дом быта
쇼핑몰
하바로프스크
Хабаровск
아무르 강
Nautilus
Наутилус
301 Military Clinical Hospital of Eastern...
Федеральное государственное...
군 병원
Ryby Amura
Рыбы Амура
레닌 광장
Площадь им. Ленина
레닌 스타디움
Стадион имени Ленина
Gorodskiye
Городские
Park Im. Nn Murav'yeva-Amurskogo
Komsomol'skaya Ulitsa
Хабаровск Сити
Ulitsa Sheronova

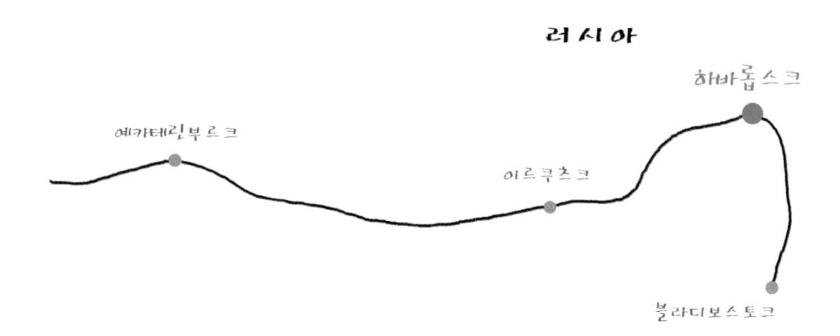


서울을 떠난 지 17일째이다. 이르쿠츠크에서 7월 12일 저녁 9시 22분에 출발하여 하바롭스크에는 7월 15일 아침 8시 5분 도착이다. 지난번 구간보다 더 긴 3일 밤과 이틀 낮을 열차에서 보내야 한다. 실제 열차를 타는 절대 시간은 58시간이다. 열차 여행 중 가장 어렵고 긴 구간이 된다. 이 구간부터는 산들이 나타나기 시작하고 강을 따라 굽이굽이 열차가 달리기도 한다. 산과 강으로 커브가 많아지면서 열차의 속도도 좀 느려지는 것 같다. 여행하는 동안 인터넷이 안 되는 열차 구간이 가끔 있기는 하지만 주요 역을 지날 때나 호텔에서는 언제나 인터넷이 잘 되는 편이라 호텔 예약을 위한 인터넷 검색이나 서울과의 소통에 큰 문제가 없었다. 다음 머물 호텔 예약도 굳이 미리 할 필요가 없어 호텔 도착하기 직전에 열차 안에서 예약하였다. 러시아에서 언어가 좀 통하지 않아 열차 티켓을 구입할 때

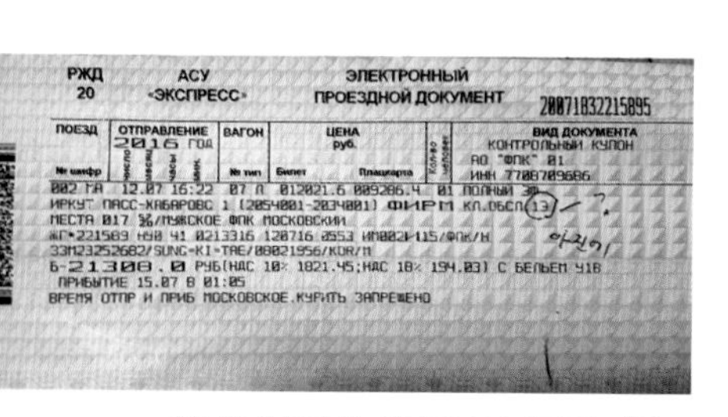


이르쿠츠크에서 하바롭스크까지의 기차표

러시아 횡단 열차

약간 불편한 것 이외는 러시아에서의 횡단 열차 여행 과정에서 특별한 문제는 없었다. 러시아 금액으로는 213,000루블, 원화로는 391,819원으로 1등석 가격이다.

슈퍼에 가서 라면과 과일, 빵 등을 준비했다. 하바롭스크에 가는 도중에도 20분 정도 열차가 충분히 쉬는 역이 있어서 필요한 것은 열차가 쉴 때 역의 매점에서 구입하였다. 물론 비싸기는 하지만 열차 내에서도 식사를 주문해 먹을 수도 있어서 처음 출발할 때부터 음식을 많이 준비할 필요는 없었다. 이르쿠츠크역을 출발한 기차는 바이칼 호수의 남부를 지난 후 달리고 또 달렸다. 하룻밤을 자고 일어났다. 기차는 그동안 달렸던 평원과는 달리 강원도 산과 같은 산모퉁이와 굽이친 강을 따라 달렸다.

## 네르친스크역

기차가 잠시 쉬어 간다고 방송이 나왔다. 20분 정도는 쉬기 때문에 내려서 역의 이름을 천천히 읽어 보았다. 그 역은 뜻밖의 역이었다. 역전의 이름을 잘 읽어보니 "네르친스크"역이었다. 시골의 오두막 같은 조용한 간이역이었다. 이곳이 청나라와 러시아가 국경 관련 분쟁해결을 위한 조약을 맺은 곳이 아닌가? 인터넷을 뒤져보고 위치를 보니 바로 그 마을이었다. 이곳이 세계사의 한 페이지를 장식한 곳이다. 아무르강 상류의 자그마한 마을로 러시아가 남하하다가 당시 막강했던 강희제의 청나라와 부딪친 곳이다. 또한 조선 효종이 청나라 요청으로 나선정벌에 나선 조총부대 파견과 관련이 있는 현장이라니 신기하기도 하고 놀라웠다.

네르친스크역

잠시 옛날 세계사 시간에 공부한 것이 생각났다. 청나라와 러시아의 국경 분쟁을 해결하기 위해서 맺은 조약 중의 하나가 "네르친스크 조약"이다. 양측의 충돌은 만주 북쪽에 있는 아무르강 상류에서 있었는데 1651년 러시아의 하바로프는 본국에서 증원된 병력을 이끌고 아무르강 상류 유역의 토착민을 공격하면서 남하해서 영토를 확대하고 있었는데 바로 이 부근이 네르친스크인 것이다.

청나라 영향 하에 있었던 토착민들은 청나라에 구원을 요청했고 소수의 청나라 군대가 칼과 활등 구시대 무기로 대적했으나 총을 가지고 있던 러시아군한테는 열세일 수밖에 없었다. 결국 러시아군은 네르친스크 주변 알바진에 요새를 세우고 이듬해에는 네르친스크에 정착촌을 만들어 러시아 정착민들을 이주시켰다. 이렇게 되자 청나라도 긴장했다. 청나라는 2천의 병력으로 알바진

러시아와 청나라 군대가 아무르강 상류에서 전투하는 장면

의 200여 명에 불과한 러시아군을 공격했으나 소총 등 우수한 무기로 무장한 러시아 군인들을 막아내지 못했다. 이때 러시아의 군대는 대부분 코자크족으로 이루어진 군대였다.

무기가 부실한 것을 깨달은 청나라의 강희제는 조선 효종에게 조총수들을 파병해 달라고 요청했다. 요청을 받은 효종은 난처할 수밖에 없었다. 청나라를 정벌하기 위해서 훈련해 왔고 준비한 조총부대를 파견하라고 하니 당황할 수밖에 없었던 것이다. 결국 신하들과 상의 끝에 훈련 중이던 조총부대를 실전 테스트 겸 156명을 파견하기로 결정하였다. 효종은 회령 부근에 주둔 중이던 조총부대를 변급의 지휘 아래 파견하였고 청군 3천여 명과 같이 송화강 중류에서 러시아군과 맞부딪쳤으며, 청군은 조선의 조총부대에 힘입어 일주일 만에 러시아군을 패퇴시키는 데 성공했다. 이것이 우리로서는 조선 효종시대의 제1차 나선정벌인 것이다. 청나라를 정벌하기 위해 준비해 놓은 부대를 청나라를 위해 쓸 수밖에 없었던 역사의 아이러니한 대목이다.
이때 조선의 조총수들은 사상자 없이 잘 싸웠으며, 돌아온 후 효종이 이들을 치하한 대목이 조선실록에 나타나 있고 이때 우리 병사들이 상대한 러시아의 병사들 대부분이 용맹한 코자크 병사들이라는 것이다. 역사의 재미있는 부분이다.

이어서 1658년의 신유의 제2차 나선정벌에서도 청나라는 조선의 조총부대에 힘입어 네르친스크 이남의 러시아인들을 몰아냈다. 이후 1689년 청나라와 러시아는 각각의 내부적인 정치 문제로 국경선을 네르친스크 부근의 아무르강 상류에서 현상 고정하는 것으로 국경선 조약을 마무리하게 된다.

우리나라가 현대에 들어와 미국의 요청에 의한 베트남 전쟁의 참전, 13세기 몽골의 지배 하에서 몽골의 요청에 의한 일본 정벌 참여와 청나라의 라선

정벌 참전 요청을 보면서 지금이나 예나 힘에 의한 국제관계의 설정은 별반 다르지 않은 것 같다.

열차는 굽이치는 강을 따라 또 달린다. 지나간 평원을 달리던 속도에 비하면 아주 느린 편이다. 철로가 곡선이어서 속도를 낼 수가 없기 때문이다. 열차는 만주 위쪽을 달리고 있고 조금씩 집에 가까워지는 기분이다. 아직도 두 밤을 더 지내야 하바롭스크에 도착한다. 이 열차 여행구간은 정말 지루함과의 싸움이다. 조급하게 생각하지 않고 그냥 모든 것을 잊고 열차에 몸을 맡기고 있으니 평온해지는 것도 같다.

## 하바롭스크역과 개척자 하바로프

하바롭스크역

하바롭스크를 개척한 하바로프의 동상

드디어 하바롭스크역이다. 역에서 나오자마자 하바롭스크를 개척한 거대한 하바로프의 동상과 마주친다.

하바롭스크는 인구 60만의 도시로 아무르강과 우수리강이 만나는 연해주의 행정, 산업 및 물류, 교통의 중심지이자 극동 지방 최대의 도시이다. 17세기 중엽 러시아 탐험가 하바로프의 이름을 따서 명명되었으며, 1858년에 연해주 군사 전초기지가 되었다. 시베리아 철도의 부설과 함께 급속히 발전하였으며, 기계, 정유, 조선, 목재 가공 및 식품 등의 제조업과 아울러 석탄, 철광석, 망간, 주석, 금 등 광물자원이 풍부하다. 우리나라와도 정기 항로가 개설되어 있어 교류도 활발하다. 극동과 연해주의 역사, 풍속, 자연에 관한 자료 및 매머드 상아, 고대 원주민의 생활용품 등이 전시되어 있는 향토 박물관과 극동 전사에 대한 자료 및 일본, 중국 및 소련군의 전투 자료가 소장되어 있는 박물관이 있다. 의과대, 교육대 등 많은 연구소가 있다. 1916년에는 아무르강을 건너는 철도가 완성되어 시베리아 철도의 국내선이 완성되었다.

1918년에는 일본군이 하바롭스크를 일시 점령했다가 일본군이 물러나자 소련 정권은 하바롭스크를 극동개발의 거점도시로 키우면서 기계와 금속공업 등의 중공업과 시베리아의 풍부한 삼림자원을 이용한 목재업 등의 공업 건설을 추진했다. 또한 블라디보스토크가 개방되기 전에는 유일한 외국인 개방도시로 지정되어 시베리아 철도를 이용하는 여행객이나 화물의 중요한 거점이 되었다. 2000년에는 푸틴 대통령이 러시아 전역을 7개 지구로 나누어 연방 관리구 제도를 도입하였는데 하바롭스크에 극동 연방 관리구의 본부가 설치되었다. 이로써 하바롭스크는 명실상부한 러시아 극동부의 수도로 자리 잡았다. 기후는 기온차가 큰 대륙성기후이다. 한여름의 기온은 섭씨 18~32도, 겨울에는 영하 30~40도까지 내려가기도 한다.

하바롭스크는 또한 관광도시이기도 하다. 동쪽의 시베리아 철도부터 서쪽의 아무르강을 걸치는 구시가, 교외 및 근거리에 수려한 관광지가 많다. 중심가에는 하바롭스크를 대표하는 번화가인 무라브요바-아무르스코보 거리, 하바롭스크역에서 아무르강을 내려다볼 수 있는 절벽이 있는 공원까지의 거리인 아무르스키 거리, 디나모 공원, 국립 극동박물관, 극동 미술관이 있다. 그 외에도 아무르강 수족관, 아무르강 철도역사 박물관 등이 있다. 콤소몰 광장에서 내려다 보이는 아무르강의 경치는 평화롭다. 아무르 강변에서는 낚시꾼들이 한가롭게 낚시를 하고 있다. 강 건너편에서는 아무르강과 우수리강이 만나 넓은 강하구를 이룬다.

## ❙ 우즈펜스키 대성당과 혁명 기념탑

강변 옆 콤소몰 광장에 가면 극동지방에서 가장 큰 성당인 우즈펜스키 대성당과 시민혁명 기념탑이 웅장하게 서있다. 러시아 시민혁명 기간 1918~1922년 동안 숨진 사람들을 기념하기 위한 동상이 세워져 있다.

하바롭스크 시내 전경

아무르강과 우수리강이 만나는 하바롭스크

우즈펜스키 대성당

공산혁명 기간 동안 적군과 백군으로 나뉘어서 수천만 명의 동족의 목숨을 앗아 간 광기의 공산혁명이 인류에 남긴 것은 과연 무엇이었을까? 생각해 보았다. 이제 지속가능하지 않은 이념이라는 것은 증명되었지만 그래도 인류에 끼친 영향은 있으리라 생각해 본다.

1918~1922년 혁명기간 동안에
숨진 사람들을 위한 기념탑

어쩌면 레닌의 과대망상적인 생각일 수도 있고 순수한 오류였을지도 모른다. 마르크스도 자본주의의 모순을 지적하기는 했지만 공산주의가 해결책이라는 의미는 아니었던 것 같다.

콤소몰 광장 조형물과 아무르강 구경을 하다 보니 벌써 오후 2시가 다 되었다.

## ▌DUET 카페

시장기가 돈다. 광장 길 건너편에 “DUET 카페”가 있어 들어갔다. 아기자기한 러시아의 고전적 꽃무늬 인테리어와 깔끔한 현대 분위기가 잘 어울렸다. 직원들도 한결같이 예쁘고 깔끔하다. 문제는 영어가 안 되니 직원들끼리 서로 웃고 수줍어만 하고 있었다. 오늘은 전에 블라디보스토크에 출장다닐 때 먹었던

퓨전카페

공원 앞 카페

바게트빵과 소고기가 입맛을 돋운다

감잣국과 카푸치노

돼지고기 감잣국이 생각났다. 집에서 먹던 감잣국과 별반 다르지 않았다. 식탁에 있는 빵들과 함께 꼭 먹어봐야 될 것 같다. 카푸치노도 감잣국과 같이 나왔다. 말이 잘 안 통하니 그냥 순서 없이 나왔는데 어쨌든 깔끔하고 맛이 좋았다.

## ▌영광의 광장 언덕

콤소몰 광장에서 남동쪽으로 아무르스키 대로를 따라 15분 정도 올라가면 "영광의 광장"이 나온다. 이 광장 언덕에 지어진 프라오브라젠스키의 황금 돔이 석양에 더욱 아름답다. 광장 옆에는 2차 대전 참전 용사 추모비와 "Eternal Flame"이 있다. 러시아는 2차 대전 당시 연합국에 가담하여 유럽에서뿐 아니라 극동에서도 일본군과의 전투에서도 수많은 희생자를 냈다. 비문명적인 인간의 행태 속에서 사라져간 수많은 젊은 고귀한 영혼들을 생각해 본다. 아직도 전 세계 곳곳에서 벌어지는 갈등과 분열이 계속되고 있고 수많은 목숨들을 앗아가고 있는데 정치도 종교도 갈등을 부추기면 부추겼지 해결하지는 못하는 것 같다. 21세기에 들어와서도 인간의 우매함은 끝날 것 같지 않다.

영광의 광장 옆의 Eternal Flame

석양에 빛나는 프라오브라젠스키의 황금 돔

시베리아 숲의 신기한 각종 베리 종류들   각종 김치를 만들어 파는 러시아 상인

## ❙중앙 농산물 시장

언덕 위쪽으로 올라가니 "CENTAL FOOD MARKET"이다. 역시 시장은 사람 사는 맛이 나고 활발하다. 특히 음식 시장이다 보니 더 시끌벅적하다. 우리가 못 보던 시베리아 초원의 각종 베리 종류에서부터 채소, 육류 등 아마도 이 베리들은 어린이 동화에서 나오는 숲에서 따온 베리들이 아닐까? 생전 처음 보는 베리들도 다양하다. 눈길을 끈 것은 김치들이었다. 배추김치, 오이김치, 양상추김치와 토마토김치까지 정말 다양하다. 상트페테르부르크 한국식당에서 김치를 먹어본 후 거의 3주째 김치를 먹어보지 못했는데 배추김치가 너무 먹음직스러웠다. 러시아 아주머니가 포기에서 한 잎을 떼어주며 먹어보라 해서 먹어보니 맛이 환상이다. 아마도 선선한 기후 탓인지 가을 김장 김치 맛이 나는 것 같았다. 우선 배추김치 반포기를 샀다. 옛날 연해주의 우리 동포들에게서 전수받은 실력이 아닐까?

## ▎디나모 공원

이제 시내 한가운데 있는 "디나모 공원"에 가서 김치를 먹으면서 좀 쉬기로 하였다. 디나모 공원에는 공룡 박물관, 스케이트장, 분수, 나무 조각 공원, 조랑말 타기, 커피숍 등 여러 가지 볼 것과 할 것들을 많이 준비해 놓은 공원이다. 개구쟁이들이 연못에서 고기를 잡고 있다.

공원에서 아이들을 태우는 조랑말들

중앙공원 및 연못

연못에서 고기잡는 개구쟁이들

## ▌칼 마르크스 거리의 커피숍

공원을 여기저기 둘러보고 다시 호텔로 돌아오는 길에 공원 앞 칼 마르크스 거리에서 커피 한잔하기로 했다. 큰 기리에 데크가 높고 널찍하게 설치되어 있어 오고가는 사람들을 구경할 수 있는 커피숍이다. 커피하고 약간의 음식을 시켰다. 열대여섯 되어 보이는 어린 직원이 친절하게 주문을 받는데 그렇게 순진무구한 표정은 흔하지 않아서 사진으로 남겨 보기로 했다. 고등학생이라고 한다. 마음이 풍부한 러시아 사람들의 품성이라 해야 할까? 오가는 사람들을 보면서 미소가 든 커피를 마시는 것 같았다. 나올 때 다른 직원들에게 보이지 않도록 팁을 살짝 손에 쥐어 주었다. 다른 직원들도 있고 팁이 없는 러시아에서 혹시 주인한테 반납해야 하는 건 아닌지 해서이다. 해맑은 표정으로 무척 좋아했다. 아마도 여분의 돈이 생겨서일 것이다.
러시아는 동양이다. 상트페테르부르크에서 하바롭스크까지 오는 동안에 만난 러시아 사람들을 보면 그들이 외모만 서구적인 면을 가지고 있을 뿐 마음 씀씀이나 사고방식은 수더분한 동양 사람이라고 해야 맞을 것 같다.
13세기부터 15세기까지 거의 300년에 가까운 몽골의 지배로부터 받은 풍습과 사고방식, 음식 또 타타르인, 터키인 등 동양 사람들과 섞여서 살기 때문에 동양 사람들 대하는 태도가 유럽과는 판이하다. 이르쿠츠크에서부터는 동양적인 색채가 더욱 강하게 나타나기 시작한다.

동양과 서양의 미소

## ▍한국 화장품 가게

시내의 TONYMOLY 대리점

칼 마르크스 거리에서 조금 거슬러 올라가자 눈에 띄는 간판이 있었다. 우리나라 화장품 판매회사 “TONYMOLY” 간판이다. 우리나라 화장품이 러시아에서 인기가 단연 높아 모스크바에는 매장이 있다는 소리는 들었는데 여기 하바롭스크에도 있을 줄이야. 우리 기업가들의 개척정신이 대단하다. 매장에 들러 선크림을 샀는데 영어로 말을 하려 했더니 전혀 그럴 필요가 없었다. 매니저의 한국말이 유창하다. 어떻게 된 것이냐고 했더니 안산에 있는 대학에서 한국어 학당을 6개월 다녔고 성남에 사는 한국인 남자 친구도 있었다 한다. 가끔 연락하고 지낸다고 한다. 세상이 참 좁기도 하다. 성남에서 왔다고 하니 눈물까지 글썽거린다. 결혼하고 싶었는데 사정이 있어 헤어질 수밖에 없었다고 한다.

## ▍한국식당과 호텔의 칵테일 바

오늘 저녁은 갈비 생각이 나서 그녀에게 한국 음식점이 어디 있냐고 물어봤더니 인기 있는 한국 음식점을 가르쳐 주었다. 호텔에 들어와 씻고 가르쳐준 한국 음식점에 갔다. 웬 사람들이 이렇게 많은지 기다렸다가 겨우 2층에 올라가서 자리를 잡았다. 대한민국의 수출품들과 한류의 인기가 음식까지 미치고 있다는 생각을 하니 열심히 일하며 살아온 대한민국에 자부심이 들었다. 누구는 대한민국이 헬 조선이라 하고 이게 나라냐라고 하는 사람들도 있던데 그들은 바깥세상을 두루 보고 느껴본 적이 있는지? 일이라도 한번 제대로 해보고 그런 소리를 하는 것인지 의아하기만 하다. 만약 그들이 해외여행을 많이 해보고 수출이라도 하는 회사에서 일해본 적이 있다면 그런 소린 할 수 없을 것 같다.

저녁에는 호텔에 돌아와 입가심 겸 호텔 지하의 바에 갔다. 자그마하고 예쁜 쁘띠 호텔이었는데 호텔 바도 자그마하고 귀여운 바였다. 작은 호텔이어서 칵테일 메뉴판이 전부 러시아어로 쓰여 있었다. 바텐더는 아르메니아 출신이란다. 영어는 곧잘 해서 문제는 없었다. 아르메니아에서는 일자리가 없어서 여기까지 일을 하러 왔다고 한다. 우선 스카치 콕을 한 잔 시킨 다음에 메뉴판에 뭐가 있는지 지난 한 달간 익힌 러시아어로 읽어 보았다. 영어와 비슷한 점이 있고 또 칵테일 이름이라 천천히 읽으니 거의 모두 읽혔다. 종업원들이 신기한

인기가 많은 한국식당 쁘띠 호텔

듯 발음을 약간씩 수정해주어서 20여 가지나 되는 이름을 다 읽었다. 손님들이 많지 않아 모두 내 옆에 와서 내가 하나하나 읽어 내려가는 것을 보고 재미있어 하는 것 같았다.

러시아 알파벳은 대여섯 자는 영어하고 발음이 아주 다르기는 하지만 나머지는 비슷하다. 물론 글자도 좀 다른 것이 있지만 바로 익힐 수 있는 표음문자여서 뜻을 몰라서 그렇지 읽는 것은 영어 읽듯이 읽으면 되는 것이다. 바텐더도 한잔 사주면서 주거니 받거니 기분 좋게 먹다 보니 주인이 왔다. 서울에도 가본 적이 있다는 주인은 마피아 출신인지 기분파이다. 주거니 받거니 하다가 칵테일만 10잔이 넘게 마신 것 같다. 서울에 와서 나중에 카드를 보니 2잔 밖에 칵테일 값이 청구되지 않은 것이 아직도 의문이다. 직원들도 취해서 실수로 청구를 하지 않은 것인지 친구로 생각해서 2잔 값만 받은 것인지? 덕분에 지금도 생각하면 흐뭇하고 유쾌한 칵테일 바였다.

칵테일 바의 직원들과 함께

# 10

# 블라디보스토크

We are here
"The Morskoy vokzal"
complex
(Sea Terminal)
Golden Horn Bay
Golden Horn Bay
Svetlanskaya Street
Suhanova Street
Aleutskaya Street
Okeansky Avenue
Admirala Fokina Street
Korabelnaya Naberezhnaya Street
Verhneportovaya Street
Nizhneportovaya Street
Semyonovskaya Street
Fontannaya Street
Pologaya Street
Beregovaya Street
Gogolya Street
Airport
EFU
Railway station
Marine station
Military vessels
Nadezhda sailing ship
Pallada sailing ship
Vladivostok commercial sea port
Revolution fighters square – central square
Gorky theater
GUM mall
Dinamo Stadium
Tourist Information Center of Primorsky territory
Pushkin Theater
Pacific Fleet museum
Tsesarevich embankment
МОРСКОЙ ВОКЗАЛ

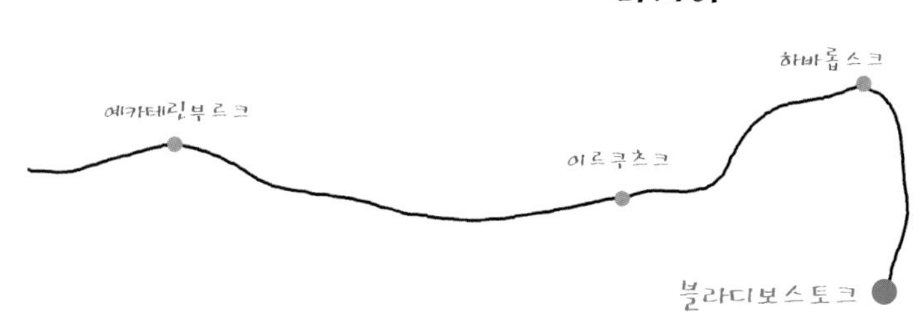


이제 마지막 여정이다. 집에 다 온 기분이다. 블라디보스토크는 예전에 사업차 두 번 와본 적이 있고 서울에서 가까울뿐더러 두만강에서도 얼마 되지 않는 위치라 친숙하게 느껴진다. 리투아니아 리가에서 만났던 여행 가이드 생각이 났다. 러시아에서 유학을 했다던 그가 눈을 동그랗게 뜨고 횡단 철도 여행이 그리 쉽지 않을 거라고 나를 걱정해주던 생각이 났다. 러시아어도 못하고 나이는 지긋하지 러시아에 대한 세부 지식도 부족하니 당연히 무리라고 생각하는 것 같았다. 세상에 쉬운 일이 있을까? 두려움을 앞세우기보다는 부딪치고 헤쳐 나가면서 사는 것이 인생 아닌가? 두려워 한 발자국도 나가지 못하는 것보다는 일단 한 발 나가 보고 실패하는 것이 더 소중하지 않을까?

하바롭스크에서 블라디보스토크까지는 765km 11시간 15분 거리이다. 이르쿠츠크에서 하바롭스크까지 삼일 밤낮 거리 3,500km를 생각하면 짧고 간단한 거리처럼 느껴졌다. 잠시 눈을 붙이면 도착할 수 있는 기분이다. 하바롭스크 역무 직원은 영어를 썩 잘하는 편이라 기차표도 순식간에 샀다. 그동안

태평양 쪽에서 해가 떠오른다

카잔이나 예카테린부르크에서 종이에 써서 주고 손발짓하면서 차표를 구입하던 것에 비하면 양반이다. 요금은 7,384루블로 원화로는 136,349원이다. 태평양에서 떠오르는 아침해가 찬란하다. 대서양의 발틱해에서부터 드디어 태평양 오호츠크해까지 온 것이다.

## ▌블라디보스토크역

이제 기차가 서서히 플랫폼에 도착한다. 블라디보스토크역은 항구에 접해 있기 때문에 차창 밖으로 큰 배들과 바다 그리고 갈매기들이 보인다. 10,000km 달려서 드디어 종착역에 도착하는 그 기쁨은 이루 말할 수 없다. 어떻게 표현해

블라디보스토크역에 있는 초기 시베리아 횡단 증기 기관차

블라디보스토크 항구에 정박하고 있는 우리나라 해양대학교 실습선

야 좋을까? 드디어 해냈다는 환희의 기쁨이다. 항상 꿈에 그리던 여행, 죽기 전에 꼭 해보고 싶은 BUCKET LIST 중 가장 앞 순위에 있었던 그것을 해낸 것이다. 돈이 없어서 또는 시간이 없어서 할 수 없는 경우도 있지만 어쩌면 해볼 용기가 나지 않아 못하는 경우가 더 많지 않을까 생각해 본다. 타고 온 열차가 육교 아래 우측으로 내려다 보였고, 그 옆에는 1900년대 초 시베리아를 최초로 횡단한 증기기관 열차의 머리 부분이 전시되어 있다. 아마도 지구 역사상 최대의 토목공사가 아닌가 싶다. 이미 110여 년도 전에 이루어진 공사였다. 광활한 러시아 대륙을 연결해서 러시아가 통합된 나라로서 유지할 수 있게 만들어 준 1등 공신이 이 시베리아 철도 시설이다. 우리는 그때 대한제국의 고종황제 시대로 쇄국정책으로 일관해 오다가 겨우 일본에 의해서 강제 개방된 후 청나라, 일본, 러시아에 의해서 각축장이 되던 시기였다. 러시아의 원대한 극동에 대한 꿈과 야망을 가질 수 있었던 것도 이 철도가 큰 몫을 한 것이다.

비록 러일전쟁에서 러시아가 패배해서 더 이상 한반도에 미련을 가질 수 없게 되었지만 우리 고종황제도 러시아 공사관에 피신했던 적도 있고 지금도 정동에 가면 그때의 러시아 공사관 자리가 남아 있다. 항구 쪽에는 우리나라 해양대학교 실습선이 부산에서 와 정박하고 있었다. 육교를 건너 블라디보스토크역 앞으로 나왔다. 시베리아 횡단 열차의 종착역이자 시작역이다. 외관부터가 조형미가 있고 아름다운 아크와 기둥, 독특한 지붕들로 이루어진 건축물이다. 내부 인테리어도 멋지다. 아시아 태평양 정상회의를 위해 새로 단장을 했는지 아주 말끔하다. 이 블라디보스토크역에서는 지난 110여 년간 수많은 사연들이 이루어졌으리라 1, 2차 세계대전 전쟁과 평화, 사랑과 이별, 눈물과 환희의 역사가 겹겹이 쌓인 곳일 것이다. 여름의 블라디보스토크역은 북새통이다. 러시아 여행객들뿐 아니라 여기저기 외국인들로 붐빈다.

블라디보스토크역

역 앞의 미니 공원과 레닌 동상

## 레닌 동상과 공산주의

늘 러시아 역에 내리면 역 앞 광장에는 영웅들의 큰 동상이 서 있곤 했는데 이번엔 누가 있을까 생각하면서 역을 빠져나왔다. 역 정면의 소공원에 세워져 있는 것은 레닌의 동상이었다. 러시아가 공산주의를 포기하고 상당한 민주화를 이루었음에도 불구하고 도시들마다 아직도 레닌 동상이 서 있는 곳이 있다. 예전에 소련이 해체되고 동유럽 국가들이 민주화될 때 레닌 동상을 끌어내리는 외신들을 많이 본 적이 있는데 여기에서는 공산혁명에 대한 향수가 아직 남아 있는 것일까? 카잔에도 레닌 동상이 아직도 큼지막하게 서 있었는데 좀 의아했다.

러시아의 여당은 이제 레닌의 시신도 크레믈린 광장에서 철거하고 전국 도처에 있는 레닌의 동상도 철거하자고 한다. 그러나 아직도 현실적으로 공산당이 제도권 내에 남아 있고, 공산당에 대한 향수가 남아 있는 사람들 때문에 철거하지 못하고 있다.

블라디보스토크 개방 후 1995년에 두 차례 방문한 적이 있었다. 한 번은 2월이었는데 머리를 바늘로 찌르는 것 같은 정도로 추웠다. 사업 파트너였던 블라디보스토크 전 시장과 연해주 KGB 총책은 나에게 불만을 토로했다. 아파트에 난방이 들어오지 않고 엘리베이터가 작동되지 않았다는 것이다. 블라디보스토크는 시 전체를 석탄을 사용하여 중앙집중식으로 난방을 하고 전력도 생산해 왔는데 석탄이 없어서 설비들을 가동시킬 수 없었다는 거였다. 석탄이 어디에 있냐고 물어보니 블라디보스토크에서 불과 20km 정도 떨어진 곳에 석탄 광산이 있다는 것이다. 공산혁명 초기에는 새로운 이념 하에 어느 정도까지는 계획경제가 되었으나 사유재산 제도와 인센티브가 없는 사회에서는 어느 순간부터 시스템이 작동하지 않게 된 것이다. 중앙집중식 난방이란 것은 우리나라도 신도시에 도입해서 도시 전체에 난방을 저렴한 가격으로 효율적으로 할 수 있는 좋은 시스템인데도 우리 신도시에서는 작동이 잘 되는 반면 블라디보스토크에서는 작동이 안 되는 것이다.

미국 뉴욕의 코넬대학교 경제학 교수의 학점 실험처럼, 공부한 학생이나 하지 않은 학생에게 똑같은 학점을 주다 보니 종국에 가서는 학생 전부가 F학점을 받았다는 것인데 이러한 꼴이 소련 공산혁명 후 60여 년 만에 나타나게 된 것이다. 석탄이 없으면 석탄을 캐서 작동시키면 되는 것 아닌가? 물어봤더니 석탄 캐는 장비도 낡고 누가 일을 하려고 하지 않는다는 거였다. 밀밭이 풍작이어도 누구도 가을이 되어 밀을 수확하지 않자 결국 미국에서 밀을 수입한 나라가 소련이다. 블라디보스토크 해변에는 소련연방이 청소년 학생들을 이념 교육시키던, 상상을 초월할 정도로 큰 청소년 교육 시설이 있었는데 모두가 폐허가 되어 시설에는 온통 잡초뿐이었다. 블라디보스토크 개방 당시 도시의 건물들이 온통 낡아 회색빛이었다. 모두가 배급제도에 익숙해 왔기 때문에 배급이 안 되면 모두가 손을 놓고 그냥 정부만 쳐다보고 있는 것이다. 배급이나 일이 잘 안 돌아가면 정부만 탓하면 끝이었다. 애덤 스미스가 말한 자유시장에서 이루어지는 보이지 않는 손이 없기 때문이다.

레닌은 사후 공산혁명이 인류에 가져다 준 결과가 무엇인지도 모르고 크레믈린 광장에 잠들어 있다. 소련 공산주의 시절 스탈린 치하에서 사라져간 목숨이 5,000만 명이고, 남미 대륙을 포함하여 세계 곳곳에서 벌어진 이념전쟁과 갈등으로 목숨을 잃은 것을 포함하면 약 1억 명에 달할 것이라는 주장도 있다. 가톨릭이 유럽에 중세 천년의 암흑기를 가져다주었던 것처럼, 레닌의 공산주의도 마찬가지였다. 그래도 인류가 문명화되었다고 자부하는 근세에 들어와서도 인류 역사에 상상할 수 없는 크기의 반동과 퇴행을 가져다 준 제2의 인류 암흑기가 아니었던가 하는 생각이 든다.

러시아 혁명도 이제 100년이 넘었다. 시스템은 작동되지 않았으며 20세기에 인류가 겪은 가장 큰 실험 중의 하나였다. 이제 레닌도 그의 무덤이 필요하다는

광장의 레닌 혁명 기념탑

전통 복장으로 관광객의 이목을 사로잡는 여인들

평범한 러시아 여인의 한마디가 계속 귀에 맴돈다. 호텔에 짐을 풀고 연해주 청사 앞에 있는 중앙 광장으로 나갔다.

여기는 시내의 중심지로 가장 번화한 대로와 항구가 접한 블라디보스토크의 심장이다. 혁명 광장이라고 불리기도 하는 이 중앙광장에는 1917~1922년 소비에트 혁명의 성공을 기념해 만든 동상이 자리하고 있다. 관광객들이 여기저기 몰려다니며 사진을 찍기도 하고 앉아서 항구를 바라보며 쉬기도 한다. 주말에 벼룩시장으로 바뀌면 블라디보스토크 시민들의 역동적인 삶터가 되고 관광객들에겐 재미있고 많은 볼거리를 제공한다. 러시아 여인들이 전통 복장을 입고 손님을 끌고 있다. 블라디보스토크를 개방하면서 가장 큰 숙원 사업 중의 하나가 졸로토이만을 가로지르는 다리를 놓는 것이었는데 돈이 없어서 10여 년도 더 끌다가 최근에 완성된 다리이다. 다리가 완성된 후 다리 건너편에 마린스키 극장과 러시아 극동대학교 캠퍼스도 멋지게 들어서게 되어 많은 발전을 이루었다.

광장에서 바라다 보이는 항구와 사장교 다리

해군항 태평양 함대 군함들

2차 대전 때의 소련 잠수함

잠수함 어뢰 발사관

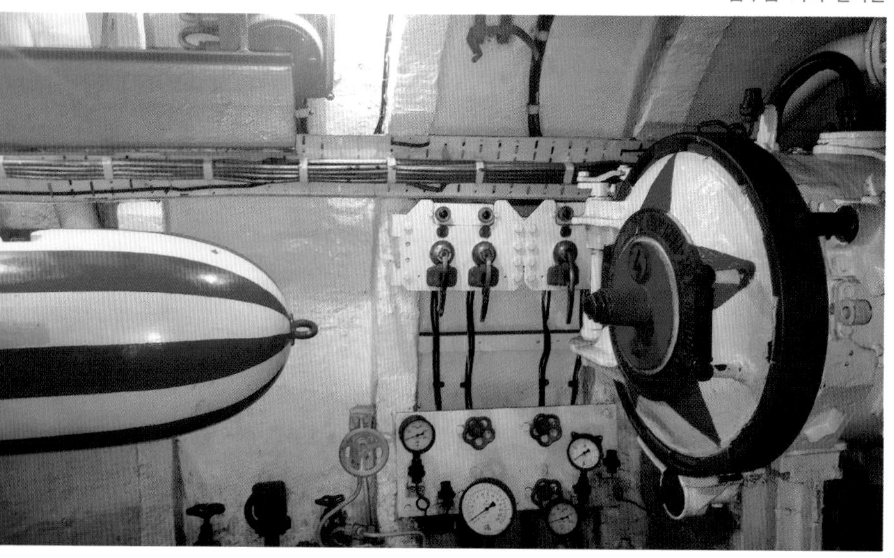

## ▌블라디보스토크 항구

광장에서 항구를 따라 큰 다리 쪽으로 가면 러시아 극동함대의 군함들이 보인다. 육지 쪽에는 2차 대전 때 사용하던 퇴역시킨 잠수함으로 박물관을 만들어서 사람들의 인기를 끌고 있다. 안에 들어가 보니 어뢰 등 수많은 기계들과 게이지들이 복잡하고 비좁다. 극한 삶의 환경이 고스란히 보인다. 전장에서 살아남기 위한 인간의 노력이 가상하다. 비좁은 공간 안에서 피지도 못하고 산화한 젊은이들도 있었을 것을 생각하니 안타까운 생각도 들었다.

대로를 따라서 올라가다가 오른쪽으로 항구가 내려다 보이는 소공원에 무라비에브 동상이 나온다. 무라비에브는 러시아의 극동 진출에 핵심적인 역할을 한 장군으로 청나라와 아이훈 조약을 맺어 아무르강을 따라 청나라와의 국경선을 확정하고 태평양 진출 권한을 확보하였다. 이러한 공으로 아무르스키 백작이라는 칭호를 얻었으며, 이르쿠츠크에서 출발한 러시아의 극동 진출 정책이 무라비에브 재임 기간 중에 태평양의 우수리강 어귀까지 이르게 된다. 후에 그는 연해주 총독을 마지막으로 은퇴하였다. 그의 진취성과 개척정신으로 오늘날 러시아가 부동항인 블라디보스토크를 태평양에서 얻게 되고 연해주를 러시아로 편입시킬 수 있게 된 것이다.

블라디보스토크를 개척한 무라비에브 동상

## ▌독수리 전망대

길을 따라 계속 언덕으로 올라가면 블라디보스토크 항구 전체를 내려다 볼 수 있는 독수리 전망대가 나온다. 부산의 용두산 같은 곳이라고 할까. 전망대에서 내려다본 항구의 경치는 환상적이다. 졸로토이만이 육지 깊숙이까지 들어와 있고, 만 앞에는 섬들이 천연 방파제 역할을 해주고 있어 천혜의 항구이자 군사적인 요새가 된 것이다. 아마도 이 땅은 옛날 우리 조상들이 살던 땅일지도 모른다. 부여, 고구려와 발해의 땅이었지 않을까? 아쉽다. 국가가 평화와 안일함만을 추구하다가 개척정신과 진취성을 잃으면 국토는 위축되고 결국 나라를 잃는 것 아닐까? 하는 생각이 들었다. 입으로 외친다고 평화가 오는 것이 아니라 힘과 제도에 의해서 뒷받침되고 자유민주주에 기반한 창의성과 진취적인 국민정신이 있어야 진정한 평화를 얻을 수 있는 것이라고 생각된다.

독수리 전망대

열심히 사진을 찍고 있는데 혼자 여행 중인 중년 여성이 말을 걸어온다. 사진을 찍어 달라는 줄 알았는데 블라디보스토크에 대해서 이것저것 물어온다. 이전에 블라디보스토크에 두 번이나 온 적이 있었기 때문에 여러 가지를 아는 대로 얘기해 주었다. 블라디보스토크가 1990년대 개방될 때는 앞에 있는 러스키 섬까지는 다리가 없었다는 얘기를 해줬고 아시아 태평양 각료회의를 여기서 개최하게 되었고, 러시아의 푸틴 대통령이 여기에 왔기 때문에 도시가 많이 발전한 것이라고 설명해 주었다. 그녀는 한국의 경제에 대해서도 너무 잘 알고 있어서 직업이 뭐냐고 물어봤더니 런던 Financial Times의 기자라고 한다. 휴가 중인데 여기를 꼭 와보고 싶어서 왔단다. 그녀는 나에게 상트페테르부르크의 마린스키 극장이 블라디보스토크에 제2의 마린스키 극장을 개관했다고 알려줬다. 깜짝 놀랐다. 상트페테르부르크에 있을 때 마린스키 극장을 제대로 보지 못해 아쉬웠는데 그 극장이 여기에도 있다면 앞으로 멋진 프로그램을

항구의 야경

볼 수 있는 기회가 있기 때문이었다. 그리고 내가 추진했던 트레이드센터 건립 비즈니스에 대해서도 이런저런 얘기들을 해줬다. 아마도 경제 관련 신문기자이기 때문에 극동에서 돌아가는 내용을 파악하고 싶어서 이것저것을 나한테 물어온 것 같았다. 뜻밖의 사람을 만나서 거의 40분 동안이나 이것저것 얘기를 했다. 우리나라 경제 상황도 국제적인 시각으로 객관성을 가지고 더 잘 바라보는 것 같았다. 오히려 우리가 우리를 제대로 보지 못하는 것 같다.

그녀의 눈에는 대한민국의 눈부신 발전과 진취성이 놀라워 보이는데 막상 국내에서는 이것이 나라냐?는 둥 비아냥거리며 국민들을 선동하는 것을 보면 안타까운 생각이 든다. 세계 어느 나라를 돌아다녀도 공항이나 거리에 삼성, LG, 현대자동차의 광고 간판이 없는 곳이 거의 없는데 말이다. 게다가 한류 K-POP과 드라마, 화장품도 세계적이지 않은가.

졸로토이만 천혜의 항구

## 블라디보스토크의 아라바트 명동거리

모스크바에 명동이라는 아라바트 거리가 블라디보스토크에도 있다. 시내에서 서해바다 쪽으로 거리가 형성되어 있는데 고급스러운 상점, 식당과 커피숍들이 자리 잡고 있다. 맑은 날씨를 만끽하려고 사람들이 삼삼오오 걷기도 하고 앉아서 담소를 나눈다. 개방 초에 왔을 때의 우중충한 모습하고는 딴판이다. 블라디보스토크가 달러가 넘쳐나고 부자가 많다고 하는 소리를 많이 들었는데 사실인 것도 같다. 블라디보스토크는 우리나라와 일본 등과 교류가 많기 때문에 상업 활동이 러시아의 내륙에 비해서 비교도 안 되기 때문일 것 같다. 한무리의 댄스팀들이 춤을 추면서 아라바트 거리를 지나면서 관광객들을 즐겁게 해준다.

아라바트 거리

무용팀이 관광객들에게 공연을 선보이고 있다

## 요트장과 킹크랩 집

이제 아라바트 거리를 구경하고 해변으로 걸어 나가 요트장 근처의 Crab Restaurant에서 킹크랩을 사서 아껴둔 초고추장과 먹으러 가야겠다. 이 요트장은 우리나라 요트장 사업이 처음 시작될 때 우리나라의 속초나 부산과 연결하는 마리나 항구로 사용할 수 있을지 생각해본 적이 있다. 당시 나는 국내 대기업과 미국회사와 함께 연해주 연방정부로부터 블라디보스토크의 요지의 토지를 좋은 가격에 구입하여 무역센터 건물을 지을까 구상 중이어서 여기저기 둘러보던 차에 이 요트장도 부수적인 사업으로 맘에 들었고 동해안과 연결할 수 있는 장점을 가지고 있다고 봤기 때문이다. 블라디보스토크가 이렇게 많이 변할 줄이야! 요트장 부근 Crab Restaurant에 갔다.

킹크랩 식당

해변 요트장

여러 개의 식당들이 있는데 먹는 공간은 같이 쓰는 식당이다. 킹크랩 1.5kg을 사서 쪄 달라고 부탁했다. 한참을 걷고 난 후에 먹는 시원한 맥주의 맛은 꿀맛 그 자체였다.

## 러스키 섬

러스키 섬은 블라디보스토크 바로 앞에 있는 섬으로 자연 보호지구에 있는 때가 묻지 않은 천연의 섬이었다. 블라디보스토크를 개방했을 때에는 다리가 없어 배로 건너다니던 곳이었는데 다리를 놓은 후부터 180도 달라진 섬이다. 러시아 명문 대학 중의 하나인 극동대학이 새로운 캠퍼스를 건설 이전하였으며, 이 대학교에서는 극동지역의 학문과 비즈니스 교류에 가교 역할 등 많은 일들을 하고 있다.

러시아의 명문 블라디보스토크 극동대학교

새로 극동에 문을 연 마린스키 극장

현대화된 극장 내부

공연 중인 장면

상트페테르부르크의 유명 극장인 마린스키 극장이 다리 바로 건너편에 제2 극장을 현대적인 건물로 문을 열어 상트페테르부르크의 극장과 동일한 프로그램으로 운영하고 있어 볼거리가 많아 기대가 된다. 내년 봄 가족들이 모일 수 있는 기회가 있다면 같이 와서 꼭 구경하고 싶다.

보호지역의 무성한 숲

야생초

비포장 시골길

다음 날은 러스키 섬의 자연환경을 보고 싶었다. 버스를 타고 극동대학교 앞을 지나서 시골 깊숙이 인적이 뜸한 마을로 들어갔다. 산과 들, 바다가 눈에 낯설지 않다. 마을은 우리나라 시골 마을하고 다를 바 없었고, 해안은 우리 동해안과 꼭 닮았다. 나무와 풀들 토끼풀, 고사리, 엉겅퀴, 쑥부쟁이도 우리 산하에서 보는 것과 똑같았다. 아마도 우리 조상들이 북쪽에서 해안을 타고 한반도로 들어왔던 길인 것 같기도 하고 발해의 일부이었을 땅이기도 하다. 최근 블라디보스토크 부근의 악마 문 동굴에서 발견된 8천 년 전의 유골의 DNA를 분석한 결과 한국 사람과의 유전자와 일치된다는 연구논문이 발표된 적이 있다. 그러고 보면 우리 조상들이 내려온 길이기도 하다.

어렸을 때의 향수를 자극하는 시골 동네 길

블라디보스토크 시내가 내려다 보이는 바닷가 언덕

러스키 섬 끝자락 산봉우리에는 흰색과 보라색의 토끼풀들이 잡초들과 어울려 7월을 찬란하게 빛내주고 있었다. 멀리 블라디보스토크 시내가 보이고 눈앞에 펼쳐 있는 해안선들이 아름답기만 하다. 이 해안선을 따라 쭉 따라서 내려가면 두만강이 나오고 더 내려가면 원산, 금강산, 설악산 해변이 나오겠지. 섬 내의 자연보호 지역인 이 지역은 티끌 하나 없이 청정하다. 혼자서 어렸을 때 걸었던 신작로같은 포장되지 않은 길도 걷고 우거진 숲 사이를 빠져나와 해변을 걷고 또 산을 올라 자신을 돌아보는 이 시간이 더없이 평온하고 소중하다.

한 달간의 여행에서 많은 사람들을 만났다. 항상 오랜 여행에서 느끼는 것은 여행은 그동안 잃어버렸던 나를 다시 찾아주는 보물 같은 것이기도 하다. 특히 시베리아 횡단 열차의 여행은 더 많은 것을 느끼게 한다. 기차 안에서, 시장에서, 거리에서 만났던 친절하고 때묻지 않은 순박한 사람들이 그리워진다. 우리가 어릴 때 가졌던 그런 순박함들을 그들은 아직도 간직하고 있었다. 중학교 때까지 전기도 들어오지 않던 마을에 살았던 내가 대도시에 올라와 경쟁과 번지르

자그만 어촌의 항구

세월을 낚는
동네 아저씨

르한 허울 속에서 너무 변해버리고 마음은 녹이 슬어버릴 대로 슬어버린 자신을 발견하고 놀란다.

자그마한 부둣가 낡은 방파제에 앉아 낚시를 하는 남자의 얼굴에 세월이 고스란히 서려 있다. 잡은 고기가 어디 있냐고 물어보니 그저 웃기만 한다. 아직 잡히지 않은 것 같다. 고기를 낚는 것인지 세월을 낚는 것인지 고기가 잡히지 않아도 태평하기만 하다.

여행이 이제 마무리되어 간다. 마을 공동묘지 앞을 지났다. 묘지에 있는 탁자와 의자가 이채롭다. 한 가족은 음식을 해가지고 와서 묘지에 꽃을 바친 다음에 탁자에 모여 앉아 음식을 먹는다. 우리의 성묘하는 것과 아주 비슷하다. 죽음과 삶이 잠시 같이하는 장면들이다. 동해가 바라다 보이는 작은 산봉우리 위에 올랐다. 십자가를 만났다. 아마도 누군가를 그리워하며 만든 누군가의 안식처

동해가 바라다 보이는 언덕 위의 십자가

시골 동네의 공동묘지

인 것 같다. 혹시 같이 이 언덕에 자주 올랐던 가족이거나 친척이거나 친구가 만들어 준 것은 아닐까? 외롭지만 평화로워 보인다. 십자가 옆에 서서 블라디보스토크 시내 위로 까마득한 11,000km 서쪽 저편의 발틱해를 생각해 본다.

헬싱키에서 출발할 때는 동쪽 저편에 까마득하게만 느껴졌던 블라디보스토크이다. 이제 여기 동쪽 끝에 와서 작은 산봉우리에 서 있다. 어쩌면 우리의 인생도 횡단 열차 여행과 마찬가지 아닐까? 까마득히 멀게만 느껴졌던 나의 인생 여행도 이제 어느덧 종착역 부근에 와 있다. 때때로 아침에 눈을 뜨면 내 나이에 소스라치게 놀라곤 한다. 남은 시간이 그리 많지 않을 수도 있다. 이 작은 산 언덕에서 만난 십자가가 인생이 영원하지 않다는 것을 새삼 일깨워 준다. 내가 평생 하고 싶은 일 중의 하나를 해냈다.

내일은 집으로 간다!

쑥부쟁이 꽃들

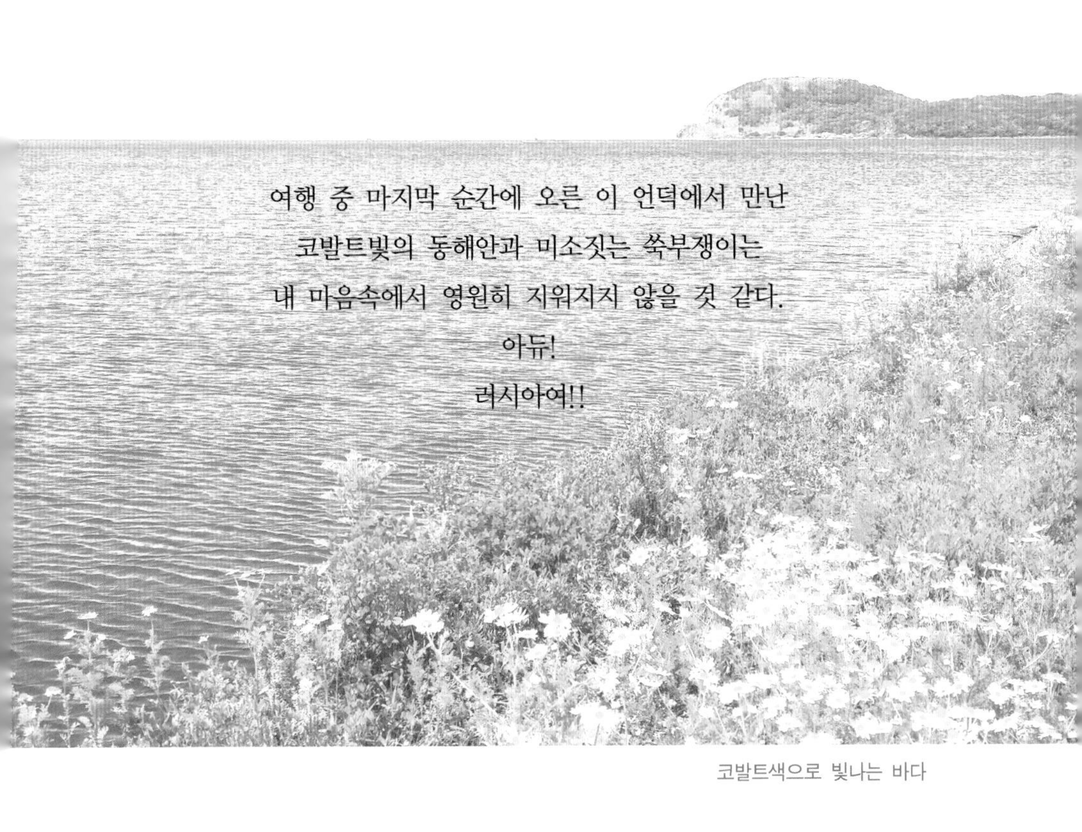

여행 중 마지막 순간에 오른 이 언덕에서 만난
코발트빛의 동해안과 미소짓는 쑥부쟁이는
내 마음속에서 영원히 지워지지 않을 것 같다.
아듀!
러시아여!!

코발트색으로 빛나는 바다

## 여행 루트 및 자금계획

사람들이 잘 다니는 루트와는 관계없이 철저히 독자적으로 나의 관점에서 러시아를 볼 수 있도록 여행 루트를 계획하였다. 철도는 모스크바에서 노브고로드 쪽의 트랜스 시베리아 라인(TSR)을 택하지 않고 몽골과 타타르의 역사를 볼 수 있는 남쪽 카잔 쪽의 우랄라인(URAL LINE)을 택했다. 우랄라인은 예카테린부르크에서 북쪽에서 오는 트랜스 시베리아 라인과 만나게 된다. 항공비의 절약을 위해서 도쿄에서 하루 머무른 후 헬싱키로 가는 JAL기를 편도로 이용했다.

따라서 여행 루트는

인천–도쿄–핀란드 헬싱키–에스토니아 탈린–라트비아 리가–러시아 상트페테르부르크–모스크바–카잔–예카테린부르크–이르쿠츠크–하바롭스크–블라디보스토크–인천

이 된다.
일정마다 숙박일 수와 거리, 숙박 및 제비용을 책정해서 규모 있게 쓸 수 있도록 잡았다. 그러나 너무 타이트하게 경비를 잡지는 않았다. 여행이 장기간이어서 숙박이 편해야 한다고 생각했기 때문이다. 마침 횡단 열차 여행은 열차에서 숙박하는 경우가 많아 기차 요금이 숙박비도 같이 커버해주는 효과가 있어 숙박비가 절약이 될 수 있었고, 또 여행하는 해에는 러시아의 우크라이나와 크림반도 침공

사태로 인하여 러시아가 국제사회로부터 심한 경제제재를 받고 있어 루블화의 가치가 50%로 폭락하는 바람에 최초로 계획을 세웠을 때보다는 반값에 여행할 수 있는 행운도 따랐다. 1루블이 원화로 35원 하던 것이 18원으로 폭락한 것이다.

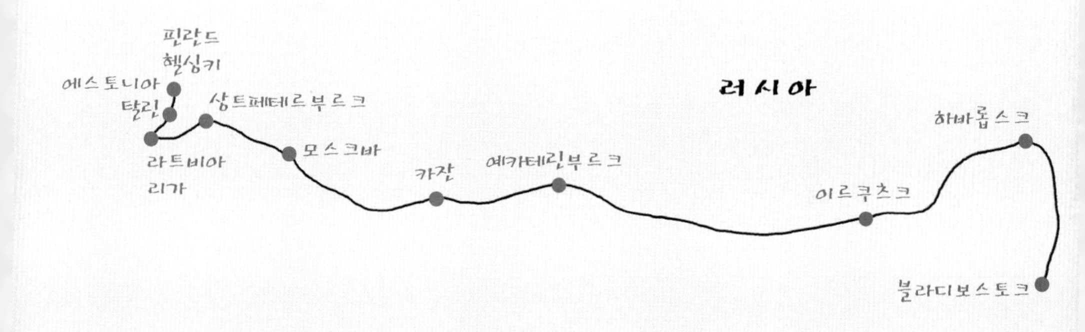

# 지은이 소개

## • 성기태

서강대학교 외교학과 졸업
ROTC 16 중위 전역
(주)한양 천일야화의 도시 바그다드 주재원
쌍용건설(주) 법무팀 과장, 일본&미국 담당
(주)훼미리라이프 대표이사
자유 여행가

## [주요 자유여행 루트]

로마에서 오슬로까지 8,000km
워싱턴에서 키웨스트까지 3,000km
발칸반도와 터키 6,000km
이베리아반도와 모로코 6,000km
파미르하이웨이와 실크로드 6,000km
발틱해에서 오호츠크해까지 11,000km